高频谱效率光 OFDM 通信系统中的数字信号处理算法

陈青辉　文　鸿　李　佳　邓　锐　王　玲　罗坤平　**著**

中南大学出版社
www.csupress.com.cn

·长沙·

内容简介

本书描述了多种面向新型光接入网的通信实验平台，研究并提出了高频谱效率光 OFDM 通信系统中的数字信号处理算法。本书主要内容如下：

第一，提出一种基于直接调制激光器、FFT 长度有效、4096 QAM 调制的高频谱效率直接检测光 OFDM（direct detection optical OFDM，DDO-OFDM）系统。相比传统基于 Hermitian 对称方式产生实数 OFDM 信号的方法，基于 FFT 长度有效的方法可在相同数据子载波的前提下减少 FFT/IFFT 点数，可节省片上 55% 的资源开销，从而在很大程度上降低离散数字信号处理（digital signal processing，DSP）芯片的功耗。此外，采用基于符号内频域平均的信道估计算法可以获得准确的信道响应估计值，使用直接调制激光器降低了光纤传输系统的成本。

第二，提出一种采用离散傅立叶变换（discrete fourier transform，DFT）扩频技术与 FFT 长度有效相结合的方法改善高频谱效率的自适应调制光 OFDM 系统的传输性能。所提出的方法可以有效地降低峰均平均功率比，提高系统中高频功率衰减和窄带干扰的鲁棒性，改善系统的传输性能，并在保证通信的可靠性的同时，提高通信速率。

第三，提出一种基于正交循环矩阵变换（orthogonal circulant matrix transform，OCT）预编码和预增强的联合预处理算法，以克服可见光通信系统中 OFDM 信号子载波上不平坦的功率衰减效应。

第四，使用基于判决辅助的采样时钟频偏补偿（sampling clock frequency offset compensation，SCFOC）算法对可见光 OFDM 系统中采样时钟频率偏差进行高效补偿。该 SCFOC 方法不需要使用导频符号等开销，系统频谱效率高，无需进行采样时钟偏差的估计，避免了残留采样时钟偏差的影响，且适合具有时变采样时钟偏差的光 OFDM 系统。

前言 / Foreword

随着信息技术的快速发展，人们对数据的传输速率有了更高的要求。在有限带宽下改善系统频谱的利用率，可以有效地提高系统的数据传输速率，其中具有高频谱效率的光正交频分复用（orthogonal frequency division multiplexing, OFDM）技术已成为当前光纤通信及可见光通信研究的关键技术之一，并受到业界广泛关注。OFDM 调制技术不仅可以实现高效的频谱利用率，还可以有效地对抗光纤及室内多径效应产生的码间干扰，进而保障光纤通信及可见光通信系统的可靠性。如何在 OFDM 通信系统中进一步提升频谱效率，改善接收机的性能与降低系统实现的复杂度，是本书的研究重点。

本书基于光纤和可见光的短距离强度调制直接检测通信系统，对于具有高频谱效率的光 OFDM 通信系统中的数字信号处理算法进行了研究。本书是专门为学习光通信及数字信号处理的研究人员所写的，记录了许多数字信号处理算法研究过程。从本书中，读者可以大致了解光 OFDM 技术、光纤 DDO-OFDM 系统及可见光 OFDM 系统的国内外发展现状，了解光 OFDM 系统中的数字信号处理算法及实现过程。

本书的完成，首先要衷心地感谢我们的恩师陈林教授，是他开启了我们科研生活的大门，给我们提供了平台与学习的机会，指引了我们前进的方向。可遗憾的是，我们还来不及回报，恩师却已匆匆离世。如果没有恩师的指点，可能我们难以迈进光通信的大门，也不至于完成此书。借此机会，我们想对恩师致以崇高的敬意。其次，感谢湖南大学何晶副教授、湖南师范大学陈明副教授。本书部分实验工作是在陈明、邓锐等专家的指导下完成的，也是他们帮我们梳理了知识体系。最后，诚挚地感谢对该书有过帮助的所有人。希望此书对光接入网通信系统及可见光通信系统的研究人员有一定的帮助。由于编者水平有限，编写时间紧迫，书中难免会有不足和疏漏，恳请专家与广大读者不吝指正。

著　者

目录 / Contents

第 1 章 绪论

1.1 研究背景

近年来，随着信息技术的飞速发展，人们的生活也变得更加便捷与丰富。如今，大型的网络游戏、HDTV 以及视频会议等新型带宽业务已使得人们对带宽的需求呈指数型增长。为了满足日益增长的带宽需求，整个光网络势必要进一步提速向高速光网络迈进。在骨干网层面，超大容量、超高速率等已成为业内最为热门的研究方向。而在传统接入网层面，用户的接入速率需求也在不断提高，因此，大幅度提升频谱效率，提升系统容量，是通信技术的新目标。

在人类社会的不断发展中，借助通信手段传递信息，一直是人与人之间相互沟通和交流的必备手段之一。我们生活的社会是一个信息社会，相互沟通、资源共享是我们对生活的需求。提高人们之间的通信体验、减少阻碍通信的因素、促进通信的发展，是当今社会通信业的主要任务。

对于通信系统，不同的用户，有不同的业务需求。为了满足不同的应用需求，研究人员进行了大量研究，并不断地创新。探索不同形式的通信方式，在不同的领域提高通信速率，是人们目前所面临的挑战。当今世界，频谱稀缺，而随着通信业务的不断发展，人们对于频谱资源的需求，也在不断地增加。因此，频谱资源显得越来越缺乏。为了解决这个问题，可以在不增加系统的频谱资源的前提下，提高系统的吞吐量，进而实现高频谱利用率。在光通信系统中，采用数字信号处理算法实现高频谱效率是当前的研究方向之一。

正交频分复用(orthogonal frequency-division multiplexing，OFDM)技术是一种多载波调制技术，它的频谱效率高、抗多径能力强。学术界对其进行了广泛而深入的研究。20 世纪 50 年代末，研究人员提出了并行数据以及频分复用技术，这是首次提出 OFDM 思想。20 世纪 60 年代，学术界在理论上对多载波进行了研究，针对带限信道上存在的符号间干扰，提出了采用多载波调制的方式，对系统的传输性能进行优化。然而，当时的信号处理水平较低，因此，OFDM 技术未得到应用与推广。随着科学技术的发展，数字信号处理技术也在不断地提高。采用离散傅立叶变换(discrete fourier transform，DFT)实现多载波调制，大大地降低了实现 OFDM 系统的复杂度，使得 OFDM 系统更趋于实用化[1]。

光 OFDM 调制技术主要分为相干检测光 OFDM(CO-OFDM)和直接检测光 OFDM(DDO-OFDM)。CO-OFDM 的主要性能优势在于接收机灵敏度高、抗偏振模色散能力强,但 CO-OFDM 使得系统成本高,因而在高速率和长距离的骨干网传输系统中得到了更多的应用。而 DDO-OFDM 系统中实现直接检测的器件较为简单,在接收端仅需要一个光电二极管来进行检测。另外,在发送端采用强度调制(IM)方式,相比于线性场调制,将使得系统结构更加简单。因此,基于系统复杂度和成本方面的考虑,在接入网传输系统中,采用 IM/DD-OFDM 系统将更具有应用价值。

OFDM 概念的提出,至今已有近半个世纪的历史,它是一种特殊的多载波调制技术。最初,人们主要是在射频通信领域对其进行研究和应用。二十多年前,学术界开始在光纤通信领域对 OFDM 进行研究。1996 年,英国布拉德福德大学 Pan Q 和 Green R J 发表了第一篇研究 OOFDM(optical OFDM)技术的论文,他对比分析了光纤通信系统中,OFDM 信号和正交幅度(QAM)信号的误码率性能,得出了 OFDM 信号适合在数字视频光纤通信系统中传输的结论[2]。近年来,OFDM 技术由于其独特的优势,在全世界范围内得到了深入的研究,并成了欧洲光通信展会(ECOC)、美国光纤通信展览会及研讨会(OFC)上的研究热点之一。

在多模光纤通信系统中,采用垂直腔面发射的激光器和直接调制方式,能降低系统成本,提高系统容量,降低功耗,并具有可扩展性强的优势,因此,在局域网以及数据中心光网络互连领域中,具有广泛的应用。但是,近年来,数据流量不断地增长,该系统已经不能继续满足传输速率的需求。为了解决这个问题,运营商通常是在原有的多模光纤通信系统的基础上,进行尽可能小的改动,而没有更换新的设备,也没有铺设新的光纤链路[3]。在多模光纤通信系统中,较窄的 3 dB 频率响应带宽,以及商用的 VCSEL 较窄的有效调制带宽,都成了基于 VCSEL 的直接调制多模光纤通信系统在速率上升级的制约因素。学术界采取了大量的技术措施,来增加已经铺设的多模光纤的频率响应带宽。例如,Sim D H 团队和 Freund R E 团队研究了模场中心发射技术[4,5];Amphawan A 团队和 Okamoto A 团队研究了空间光调制技术[6,7];Yu C 团队研究了模群复用技术[8]。但是,这些技术在很大程度上对系统具有依赖性,也就是说,在应用中,还存在许多问题。此外,C. H. Hang 团队和 L. Chrostowski 团队研究了光注入锁定(OIL)技术,并且证明了该技术能提高 VSCEL 的调制带宽。但是,该技术中需要用到额外的高功率的连续波(CW)光源,而且,需要严格的 OIL 条件,来满足 3 dB 调制带宽,以及相应的频率响应。在低成本的数据中心光网络互连传输系统中,很难在较长的时间内,保持稳定的 OIL 条件。因此,最佳的升级方案是,采用频谱效率高的调制技术(如 OOFDM 技术),以及使用 3 dB 带宽之外的频率[9,10]。2012 年,英国班戈大学 Hugues-Salas E 研究团队首次利用非冷却、低成本、低调制带宽的 VCSEL，在先前开发的 11. 25 Gb/s 实时 OOFDM 收发器中，以及 OM1/OM2 MMF 链路上成功地传输了 2000 m[11]。该实验利用强度调制直接检测光 OFDM 技术，在使用 DM-VCSEL 的多模光纤通信系统中，成功地提高了传输容量。然而，能否在 3 dB 带宽以外的频谱区域中，继续维持 OOFDM 技术所具有的优势，如自适应比特和功率分配方法等，是一个仍然需要深入研究的问题。

近十多年来，随着计算机、笔记本电脑、移动电话、掌上电脑等电子产品的出现与推广，移动设备已成为人们生活中不可或缺的一部分，这使得传统的接入网技术已不能满足人们的需求。光纤入户在"最后一公里"上面临的困境、无线接入网紧张的频谱资源、不成熟的光载无线通信(radio over fiber, ROF)技术，以及通信过程中射频发射的电磁辐射对环境的污染等问题的存在，成了传统的无线射频通信技术继续发展的障碍。如今，人们的生活质量不断地提升，也正追求着一种绿色环保的通信技术。可见光通信技术，因其较宽的频谱资源，以及安全性，成了当今社会的研究热点[12]。

可见光通信技术源于白光技术，其信息载体是可见光，它结合了无线通信技术与光纤通信技术，成了无线传输技术中的一种新型形式。根据通信中能够传输的有效距离，现阶段，人们通常采用激光二极管当作信息光源，来实现室外远距离的可见光通信。同时，通常采用用于照明的发光二极管(light emitting diode, LED)当作信息光源，来实现室内近距离的可见光通信，进而通过调制技术，控制 LED 亮度的同时，实现室内照明，并完成数据通信。LED 发光效率高、体积小、使用寿命长。近年来，LED 的价格正随半导体技术的不断发展而下降，白炽灯和日光灯将逐渐地被 LED 所替代，成为未来的主流照明光源。因此，室内的可见光通信技术，在应用前景上，具有很大的优势。在室外可见光通信中，如果通信距离达到了几百米，或者上千米，那么，选择方向性更强的激光二极管(LD)作为光源进行数据传输具有很大的优势。在室外的可见光通信中，采用 LD 的优点是无需架设光缆或者电缆、安装简便、校准容易。这使得基于 LD 的可见光系统中，作为一种较低成本的无线接入技术，当光纤入户后，在最后一公里中，不再存在成本过高的困境，也方便架设临时通信线路。基于 LD 的可见光通信技术，已经受到业界的研究和广泛关注。

对于可见光通信系统来说，其信道具有低通特性，从而造成信道频带极其不平坦，如果此时使用单载波的调制方式，则必须在接收端使用高阶的、复杂性高的均衡滤波器。在 20 世纪 60 年代，Chang R W 研究团队提出了 OFDM 调制技术(多载波调制技术中的一种)，该技术具有节约频谱资源、良好的抗载波间干扰(ICI)以及符号间干扰(ISI)的优势[13]。在可见光中使用 OFDM 技术，其核心思想是，在相互正交的频分复用的子信道上传输低速的并行数据，既可以提高频谱的利用率，还能够有效地抵抗脉冲噪声以及多径衰落。除此之外，它还能够大大简化均衡器设计和接收机的复杂度，从而有效避免单载波调制方案的缺陷。近年来，在光通信系统领域中使用 OFDM 调制技术成为学术界的研究热点之一，因为 OFDM 技术能克服光通信系统中固有的低通信道特性所带来的影响，以此提高通信数据的传输速率。

在可见光系统中，由于采用的调制方案通常是直接检测/强度调制（IM/DD）的非相干方式，其信号是强度信号。可见光信道是多径信道，产生的符号间干扰（ISI），限制了其传输的数据速率。在没有带宽以及功率扩展时，OFDM 能有效地对抗多径串扰，以及提高数据速率。

虽然 OFDM 系统因为 OFDM 本身独特的可交叠的频谱特征具有高频谱效率，并且随着复杂调制格式的应用，还可以使得 OFDM 的频谱效率获得更进一步的提升。但是在通信系统中，OFDM 并非具有绝对最高的频谱效率，如果能够结合 DDO-OFDM 系统及可见光通信系统本身的一些特点和具体的应用场景，对传统的 OFDM 结构进行适当的改进，使之在特定的使用条件下具有更高的频谱效率，无疑将为带宽资源紧张的接入网带来极大的性能提升。本书将重点研究 OFDM 在光通信系统中的数字信号处理算法，以提高其频谱效率。

1.2 国内外研究现状

基于 OFDM 的光通信系统具有各种突出的优势，学术界通过理论、仿真与实验，对其进行了大量的研究，同时，该系统也引起了工业界的广泛关注。本节将分别研究与介绍 OFDM 的发展进程、直接检测光 OFDM 系统、可见光 OFDM 通信技术与相关关键数字信号处理算法，以及国内外的研究现状，并以此为基础，进一步展开本书的研究工作。

1.2.1 光 OFDM 技术

OFDM 作为一种多载波传输技术，其频谱效率较高，是一种基于频分复用的技术。首先，对系统的传输带宽进行划分，只要这种划分足够密集，被分成的多个子载波所对应的子信道，就都具有平坦性衰落的特征。这从时域上可以解释为，将高速串行的数据流，转化为多路并行的低速的数据流，由于每一路数据的速率都较低，系统可以较好地克服由信道衰落和失真引起的码间干扰等问题。与其他频分复用技术不同的是，在 OFDM 中相邻子载波的频带之间不但没有设置保护频带，而且还会有所重叠。但 OFDM 的各子载波之间具有正交性。即子载波之间的频带重叠不会对解调造成干扰。这种正交性使得 OFDM 的频谱利用效率明显高于其他频分复用技术。OFDM 的另一个显著优势是易于实现。在实际系统中，OFDM 可以通过逆傅立叶变换（inverse fast fourier transformation，IFFT）来实现信号的生成，并可以通过傅立叶变换(fast fourier transformation, FFT)来进行解调。

OFDM 广泛应用于有线广播传输系统、无线局域网和移动通信中，它能有效地抵抗信道中的多径色散。文献[14,15]中使用了不同的方法来抵抗单模光纤中的色散，它能较好地抗色散和偏振模色散[16]。此外，光 OFDM 具有较高的频谱效率和较好的灵活性，是下一代灵活软件定义光网络技术中一种非常有前景的技术[17]。

1966 年，OFDM 的概念在美国首次提出，并申请了专利[18]。1985 年，贝尔实验室研究人员 Cimini L 首次将 OFDM 应用于移动通信系统，OFDM 很快在有线广播和接入网中流行[19]。1998 年 7 月，IEEE802.11 标准组选择 OFDM 作为 WLAN(工作于 5 GHz 频段)的物理层标准，这是 OFDM 第一次被应用于分组业务通信系统中。此后，OFDM 广泛应用于无线局域网和第四代移动通信网络中。2001 年，OFDM 首次应用于光无线传输中[20]。随后，2005 年，OFDM 应用于多模光纤系统中来抵抗模间色散[21]。2006 年，相干光 OFDM 系统首先实验演示成功[15]。此后，许多不同的具体应用中都提出了光 OFDM 实现方案。Li A 等人演示了高速率、8000 km 长距离标准单模光纤系统[22]。Omiya T 等人演示了破纪录的 14 bit/(s·Hz)频谱效率的相干检测光 OFDM 系统[23]。近年来，学术界对 OFDM 的光纤传输开展了大量的研究，在系统结构、数字信号处理(DSP)算法、差错控制、信息安全等各个方面取得了一些显著的研究成果，这些成果主要集中在英国的伦敦大学、班戈大学以及 NEC 美国实验室。他们各自研究方向的侧重点有一定的差别，分别为高速光 OFDM 发射机及逆傅立叶变换/傅立叶变换(IFFT/FFT)知识产权核的研究[24]、短距离接入网中实时光 OFDM 系统中关键的数字信号处理算法的研究[25~27]、基于 OFDM 的无源光网络(OFDM-PON)的研究[28]。湖南大学 Chen M 等实现了基于极低成本直接调制激光器产生的实时光 OFDM 信号的 100km 标准单模光纤传输[29]，也实现了首个频谱效率高达 5.76 bit/(s·Hz)的 256 QAM/64 QAM/16 QAM 自适应映像的直接检测光 OFDM 传输[30]。湖南大学 Li F 等通过实验研究了基于低成本 DML 的高 QAM OFDM 在短距离光通信系统中的传输[31]。Shi J 等对直接检测系统中，传输速率为 100 Gb/s 的 PAM4、CAP-16 以及 DFT 扩频 OFDM 的传输性能进行了比较[32]。Kim M 等提出一种基于深度学习自编码结构方案，来降低 OFDM 系统中的 PAPR[33]。

近年来，学术界对 OFDM 在可见光通信(VLC)中的应用进行了广泛的研究。在 VLC 中，由于系统采用强度调制/直接检测(intensity modulation direct detection, IM/DD)的方式，所以要求系统中传输的信号是非负的实数。这就使得传统射频(radio frequency, RF)通信系统中传输的复数 OFDM 信号不能直接移植到 VLC 系统中。为了实现信号的非负值性和实值性，较常见的一种 OFDM 实现方式被称为直流偏置光 OFDM(DC biased optical OFDM DCO-OFDM)。在 DCO-OFDM 中，只有一半子载波传输有效数据，另一半子载波与有效子载波形成共轭对称，这样由 IFFT 的特性可知得到的时域信号呈实值。此外，在实数 OFDM 信号上叠加足够大的直流偏置，即可使信号满足非负性[34]。在 VLC 研究早期，爱丁堡大学的 Hass H 等提出将 DCO-OFDM 与 VLC 相结合，并实现了基于 DCO-OFDM 的实时语音传输系统[35]。

墨尔本大学的 Armstrong J 等提出非对称限幅光 OFDM（asymmetrically clipped optical OFDM，ACO-OFDM）。在 ACO-OFDM 中，子载波依然满足共轭对称，但传输数据的子载波中，只有单数子载波承载数据，偶数子载波不承载任何有效数据。因此，ACO-OFDM 中只有四分之一的子载波是有效子载波，相比 DCO-OFDM 减少了 50% 的频谱效率。但 ACO-OFDM 在传输时是通过将取值为负的数据点直接限幅为零来保证非负性，这种限幅操作使得在同样的光功率下 ACO-OFDM 在传输时不需要加入直流偏置，而是通过将取值为负的数据点直接限幅为零来保证非负性。从而使得在同样的光功率下 ACO-OFDM 信号的平均功率相对 DCO-OFDM 提高了约 8 dB。ACO-OFDM 的信号具有"正数部分与负数部分成中心对称"的特点[36]。

在 2013 年，波士顿大学的 Little T D C 等提出极化 OFDM 方案。在极化 OFDM 中，不再需要子载波共轭对称，相应的，IFFT 后得到的时域 OFDM 是复值信号。将每个复数 OFDM 信号用非负、实值的幅度信号和角度值信号来表示。这样，极化 OFDM 中可以用两个符号来表示一个完整的复数 OFDM 信号。由于无需子载波共轭，所以极化 OFDM 和 DCO-OFDM 拥有同样的频谱效率，同时能获得比 ACO-OFDM 更低的峰均功率比（power-to-average power ratio，PAPR）[37]。同年，该实验组提出了将极化 OFDM 与脉宽调制（pulse width modulation，PWM）相结合的反向极化 OFDM。在反向极化 OFDM 中，利用极化 OFDM 信号平均光功率较低、反向极化 OFDM 信号平均光功率较高的特点，通过调节正反两种信号的比例实现调节 LED 照明亮度的功能[38]。

除了应对 IM/DD 系统中信号非负、实数的要求外，很多科研人员将精力投入到研究基于 OFDM 的高速 VLC 系统中。2012 年，HHI 的 Kottke C 等利用 RGB-LED 及波分复用技术在 10 cm 的传输距离下实现了共计 1.25 Gbps 数据速率的离线可见光传输实验，传输误码在 2×10^{-3} 以下[39]。在实验中，三色 LED 灯芯用的调制带宽均为 100 MHz，接收端采用雪崩光电二极管（avalanche photodiode，APD）探测光信号。红、绿、蓝色三个芯片分别对应实现了 376 Mbps、439 Mbps 和 430 Mbps 的传输速率。

同年，比萨圣安娜大学 Cossu G 等报道了基于 RGB-LED 波分复用的 3.4 Gbps 数据速率的离线可见光传输实验。实验中各芯片均采用了 280 MHz 的调制带宽，传输距离为 10 cm，接收端采用 APD 探测光信号[40]。在 2014 年，该团队又报道了基于多色 LED 波分复用的 5.6Gbps 数据速率的离散可见光传输实验[41]。实验中使用的 LED 灯包含了 4 种波长的芯片：红色、绿色、蓝色和黄色，在发射端一共配置了 12 个 LED 芯片，每种波长芯片各 3 个，各 LED 芯片的调制带宽均设为 220 MHz。传输距离设为 1.5 m，接收端采用 APD 作为探测器。红、绿、蓝、黄四色 LED 灯芯分别实现了约 1.5 Gbps、1.25 Gbps、1.45 Gbps 和 1.4 Gbps 的传输速率。

在国内，2014 年复旦大学迟楠等利用 RGB - LED 波分复用技术实现了 2.1 Gbps 数据速率的离线传输实验[42]。在实验中，他们提出了准平衡检测方法。在此方法中，将一个 OFDM 符号连续发送两次，第一次发送原符号，第二次发送反向符号；在接收端可以利用两次符号差分的方法实现消除非线性噪声和直流偏置的影响。在他们的实验中，三色灯芯的调制带宽均被设为 100 MHz，接收端采用 APD 作为探测器，传输距离为 0.5 m。传输实验中红、绿、蓝四色 LED 灯芯的传输速率分别为 750 Mbps、650 Mbps 和 700 Mbps。

除了挖掘商用 LED 灯芯的高速通信潜能外，科研人员还针对可见光 OFDM 通信系统各方面的优化方法进行了研究。如波士顿大学的 Little T D C 等针对 VLC 系统中信道状态多变的特点，设计能支持近距离链路、中距离视距链路和非视距链路等不同通信环境，且接收端能自适应切换接收策略的通信系统[43]。Zheng Y 团队研究了基于压缩感知的可见光 OFDM 通信系统，该项研究中利用了自适应采样和 IDCT 将 OFDM 信号转换为稀疏信号，利用压缩感知技术有效地在低于奈奎斯特采样率时恢复了原始信号，实现了在有限带宽条件下传输速率的提升[44]。以色列班古里昂大学的 Arnon S 等对传统比特功率分配技术在可见光 OFDM 通信系统中的性能表现进行了性能分析和实验验证，并指出不同比特功率分配技术的性能差距不大，主要原因在于 VLC 信道估计结果的方差较大[45]。Haas H 等研究并研制了 VLC 专用的 LED 芯片，该芯片具有比商用 LED 芯片更高的调制速度，其 3 dB 带宽可达到 60 MHz，远大于一般商用 LED 不到 10 MHz 的 3 dB 带宽，其可用的 OFDM 调制带宽可高达 500 MHz 以上[46]。此外，Lu H 对 OFDM-VLC 系统中资源优化的方法进行了研究[47]，Kim S H 团队研究了 OFDM-VLC 系统性能限或信道容量的问题[48]。

针对基于激光二极管(LD)可见光通信系统中的 OFDM，学术界也进行了大量研究。2010 年，Cheng L 等研究了基于蓝光 LD 中极化电荷的影响[49]。随后，Byrd M 等研究了偏振复用和波长选择方案，构造了波长固定在 445.5 nm，限宽小于 0.5 nm 的蓝光 LD，当保持完全的光谱控制时，该系统的输出功率达到接近 0.7 W[50]。美国 Lee C 实验组[51]及英国 Hussein A T 实验组[52]使用 LD 进行了高速可见光系统的研究；Watson S 等将蓝光 LD 与塑料光纤及水下通信相结合[53]；Chi Y 等使用 32 个子载波的 64QAM 的 OFDM 信号，在 450 nm 的蓝色激光可见光中，成功地传输了 5m，速率达到 9 Gbps[54]。Xu J 等使用低成本的 520 nm 的激光二极管，成功演示了水下激光通信实验，传输速率达到 1. 118 Gb/s[55]。 Weng Z 等成功演示了使用 64QAM 的 OFDM 信号、LD 光源在超密集波分复用无源光网信道中传输 25 km，传输速率达到 60 Gbit/s[56]。Huang Y 等演示了使用 16QAM OFDM 信号、蓝色 LD 光源在海水环境通信链路中传输 1.7 米，速率达到 14.8 Gbps[57]。

综上所述，未来的光 OFDM 技术需求巨大，充分利用现有的 OFDM 技术，在有限的频谱带宽内，提高频谱效率，对光 OFDM 技术的发展具有重大的理论意义以及实用价值。

1.2.2 光纤 DDO-OFDM 系统

在世界范围内，较早地开展关于光纤直接检测光 OFDM（direct detection optical OFDM，DDO-OFDM）传输的研究团队主要为英国的威尔士大学信息学院 Shore K A 教授团队[58~60]、美国的亚利桑那大学电气和计算机工程系 Djordjevic I B 教授团队[61, 62]、德国的阿尔卡特朗讯企业 Buchali F 教授团队[63, 64]、美国的南加州大学 Peng W R 教授团队[65, 66]、澳大利亚莫纳什大学 Lowery A J 研究团队[67~73]和美国普林斯顿大学 NEC 实验室的 Wang T 教授团队[74~76]。2008 年，DDO-OFDM 专题在 OFC 大会上首次展出。事实上，2006 年，英国威尔士大学 Shore K A 等首次使用直接调制激光器（DML）以及直接检测技术，实现了 28 Gb/s 自适应的光正交频分复用（adaptively modulated optical OFDM，AMO-OFDM），信号能在多模光纤传输（multimode fiber，MMF）上传输 300 m，在实验过程中，没有进行光放大[58]。同年，该团队在基于 DFB 激光器的基础上，采用直接调制激光器，在单模光纤（single mode fiber，SMF）上使用 AMO-OFDM 信号传输了 40 km，速率达 30 Gb/s[58]。Lowery A 等使用 OFDM 技术结合单边带（single side band，SSB）技术，通过仿真证明了 10 Gb/s 的信号在 SSMF 上传输 4000 km。结果表明，OFDM 可以抵抗约 2560 ps 的相对延迟，与非归零码（non-return to zero，NRZ）相比，误码率（bit error rate，BER）为 1×10^{-3}，使用 OFDM 技术，信号的光信噪比（optical signal to noise ratio，OSNR）灵敏度提高了 0.5 dB[67]。Djordjevic I B 团队提出了一种方法，该方法把一个高速数据流，分割成若干个同时传输的低速数据流，使这些符号在持续时间上有所延长，从而使系统中残余色散的免疫力有所增强[61]。同时，他们还首次提出了在 25 GHz 信道内，在直接检测光 OFDM 通信系统中，实现 100 Gb/s 的传输速率。在仿真中，结合了单边带调制方式，以及低密度的奇偶校验码（low density parity check，LDPC），验证了 100 Gb/s OFDM QPSK 信号 3840 km SSMF 的传输。2007 年欧洲光纤通信大会（ECOC）上，Mayrock M 团队提出了在采用单边带调制方式的直接检测光 OFDM 系统中，PMD 对传输性能的影响，提出了使用偏振分极与偏振控制相结合的方法，避免在光纤传输的过程中，引入群速度色散(differential group delay)[77]。同年，在 OFC 大会上，美国的 NEC 实验室 Cvijetic N 团队通过仿真论证了采用 4×10 Gb/s 的 OFDM QPSK 信号，传输 1920 km 的标准单模光纤，在 OFDM 信号对 PMD 的容忍度上，比单载波 QPSK 高出 3~4 倍。结果表明，采用自适应 PMD 补偿效应的 OFDM 技术，是下一代高速光通信系统具有吸引力的解决方案[74]。Lowery A J 等第一次将 20 Gb/s DDO-OFDM 16QAM 信号成功传输了 320 km[62]。此外，他们还分析了在 WDM 传输时，色散以及非线性对信号 Q 值的影响[59, 60]。墨本尔大学的 Hewitt D F 提出一种电域 OFDM SSB 产生方法，可应用于长距离的自适应色散补偿系统中[78]。随后，在 2008 年的 OFC 大会上，共收录了 8 篇与 DDO-OFDM 有关的文章，其中在 4 篇文章中，论证了单边带中，产生光 OFDM 的过程，以及在光纤通信中信号性能能够提升[61, 65, 66, 79]。Buchali F 团队描述了在快速傅立叶变换(fast fourier transform, FFT)或反变换大小不同时，对直接检测光 OFDM 造成的影响。影响直接检测光 OFDM 的要素还有子载波利用率，以及数模转换器(digital to analog converter, DAC)的有效分辨率[62]。在此文中，作者提出了采用 QPSK、16QAM 和 64QAM 调制时，DDO-OFDM 系统中最优的灵敏度[64]。Lin C 研究团队通过载波抑制的方式产生了双倍频，采用光载无线通信(radio over fiber, ROF)的 16QAM OFDM 信号传输 50 km SSMF，传输速率达到了 4 Gb/s[80]。美国 Xie C 提出了采用一种自偏振分级方法，用来补偿直接检测光 OFDM 系统中的偏振模色散。该方法不需要使用动态偏振控制。结果表明，在光纤链路的传输中，PMD 能够被完全消除[81]。2009 年的 OFC 大会对 DDO-OFDM 光传输技术进行了相关报道。Schmide B 团队提出了一种新型的关于 DDO-OFDM 的发射装置。该装置采用低采样率 DAC，以及两个 10 GS/s 的 DACs，产生 24 Gb/s 的 8QAM DDO-OFDM 信号，在实验中传输了 800 km SSMF[72]。KDDIR & D Laboratories Incorporated 的 Amin A 团队设计了一种能补偿发射端 IQ 与接收端 IQ 之间不平衡的方案，实验结果表明，使用该 IQ 方案，27.3 Gb/s 16 QAM OFDM 信号，在传输 320 km SSMF 后，可获得 3.5 dB OSNR 的提升[82]。美国 NEC 实验室 Qian D 团队提出了采用成本较低的直接检测光 OFDM 技术，实现了在长距离城域网以及多路接入的无源光网络(passive optical network, PON)中的传输[75]。同时，该团队还提出，采用基于 OFDM 技术的直接检测和偏振复用的多输入多输出无源光网络(PDM-DD-OFDM-PON)，该方案能有效地降低系统的复杂度，从而节约成本[74]。伦敦大学 Benlachtar Y 研究团队在实验中实现了 11.1 Gb/s 的 16 QAM DDO-OFDM 信号在 1600 km SSMF 中的传输，研究了自相位调制效应(self phase modulation, SPM)在传输过程中导致的系统性能损伤，并与采用 QPSK 调制时的系统性能做了比较[83]。Schmidt A 团队全面分析了 PMD 在 DDO-OFDM 信号中产生的损伤，介绍了在接收端采用偏振分极和载波增强技术的方案,该方案能够有效减少传输信号中的带内失真[84]。

综上所述,在光纤 DDO-OFDM 系统中,光纤中存在非线性效应,直接影响着通信信号的传输,其中包括某些信道增值,以及产生功率损耗,从而使各个波长间产生串扰,引起系统信噪比性能的劣化,使原有信号光能量受到损失,影响通信质量,同时,色散系数也影响着信号的传输距离。因此,使用先进的算法,对数字信号进行处理,克服光 OFDM 的非线性映射产生的影响,补偿电域以及光域中存在的色散,并合理地选择子载波的数目,提高系统的频谱效率及误码率性能,在光纤 DDO-OFDM 系统中,具有重要的研究意义。

1.2.3 可见光 OFDM 系统

随着时代的进步,传统的照明设备也发生了较大的改变。传统的白炽灯和荧光灯正在逐步被一种节能、高亮度和长使用寿命的新型光源,即发光二极管(light emitting diodes, LEDs)所取代,如图 1.1 所示。LEDs 是具有更高能效的固态照明技术,不仅在能效上显著优于传统的照明设备,并且具有更小的体积和更长的使用寿命。考虑到未来的照明设备将逐步被高亮的 LED 所取代,这就意味着能源的节省和造价的降低。LEDs 不仅可以实现照明[85],还被广泛应用在室内高速通信[86]、室内定位系统[87]、室外智能交通系统[88]和水下无线通信等众多领域[89]。

白炽灯   荧光灯   LED

图 1.1 照明设备的演变

信息时代的快速进步,导致当今社会对高速通信的需求越来越大,传统的无线通信技术由于无线频谱的消耗殆尽,呈现出了严重的瓶颈问题,因此,使用先进的数字信号处理算法,提高通信系统的频谱效率,成为未来无线通信领域的首要任务。未来的5G 将会是高频谱效率通信技术的相互补充、相互融合,因此,基于可见光、红外和射频的多种无线技术相结合将会是未来无线领域技术研究的主流方向。如图 1.2 所示，随着无线技术的进一步发展，无线频率由低频向高频的扩展迫在眉睫，使得越来越多的研究人员开始考虑之前一直未被广泛开发的具有巨大传输潜力的可见光波段，同时，可见光光谱并不受频谱管制，因此，基于 LED 的可见光无线通信具有巨大的潜力[90]。

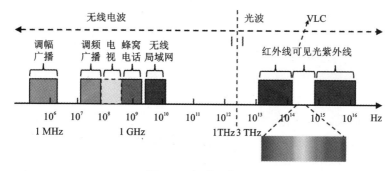

图 1.2　频谱示意图

可见光通信技术与传统的光通信、无线通信技术相对比，具有很多独特的优势，主要包括以下几个方面：

（1）频谱不受管制。众所周知，可见光波段的范围是从 380 nm 到 780 nm，即为日常的太阳光的波长区间，这个波长区间不在以往的红外和紫外光谱区间，并且对于其他无线通信技术没有电磁干扰，是一段非常环保和节能的频谱范围。越来越多的科研人员发现并开始探索这部分频谱的潜力，建立基于 LED 的可见光高速通信系统[86]。

（2）通信安全性高。可见光通信的波长使得其不容易发生衍射，因此，在室内可见光通信的环境中，载有信息的光信号具有很强的保密性，在室外环境中，很难实现对通信内容的监听，因此其被军事研究所重视，不同于可见光通信技术，大波长的电磁波具有很强的绕过性，使得基于 RF 的通信技术更容易被干扰和监听，因此，可见光通信技术的高保密性是可见光通信技术的另一个显著优势。便于实现对特殊场景的保密传输，尤其是在封闭的室内环境中，保障了光线的不外泄，即保证了加密信息的安全性[91]。

（3）无电磁辐射污染。由于可见光与日常的太阳光属于一个谱段，因此，对于人体没有严重的电磁辐射，不会对人体器官造成伤害，更适合于一些敏感的环境，如飞机机舱、医院等特定的环境。接近于日光的可见光，因为不具备较强的电磁辐射，更加适合于在一些电磁辐射密集的环境中使用，可以充分利用其无干扰特性，实现双通信模式的并行通信[92]。

（4）接收光功率较高。由于可见光通信兼顾照明和通信的特殊潜质，可以在室内照明亮度允许的条件下，实现较高的接收光功率，而较高的接收光功率则意味着可见光通信系统具有很高的信噪比，这也间接地保障了通信的稳定性，为高速通信做好了铺垫。因此，在信噪比较高的情况下，实现了极高速率的数据传输[92]。

（5）直射链路。由于 LED 的辐射模型，使得经过光束整形的可见光光源的辐射范围是可以控制的，在主链路下，距离为几米的室内环境中，可以实现高速的点对点的通信系统，不仅局部通信质量高，还不会对相邻的并行通信区域造成信号干扰。并且这种辐射范围较小的 LOS 链路，更加适合与 MIMO 一起使用，建立并行高速的 LED 阵列和成像的接收器的通信系统，来进一步提高通信速率，这也是未来高速可见光通信的研究趋势[92]。

（6）应用前景。LED 光源的另一个优势是其覆盖从家庭到城市的方方面面，使得越来越多的场合具有实现可见光通信的潜力，同时，基于 LED 的可见光通信设备操作简单、无电磁辐射污染、节能高效、通信质量稳定，使得可见光通信技术可以快速地应用到现实生活中各个领域，例如，实现高速路的路灯与车辆的通信，智能家居和大型商场等室内环境的定位通信。同时，LED 光源作为城市基础设施的构成部分，使其更适合于作为通信基站，建立更加密集和稳定的通信网络，如英国教授提出的"Li-Fi"概念，实现了有 LED 光源的地方就可以实现无线网络链接的构想[92]。

基于激光二极管的室外长距离可见光通信系统具有频带宽和速率高、架设方便并可以在复杂的电磁场环境下使用等特点，其一经问世就迅速获得了国内外学术界的广泛关注和支持。目前室内短距离可见光通信技术大多是基于 LED 的，而室外长距离光通信大多是基于激光二极管的可见光通信。基于激光二极管的可见光通信是在 LED 可见光通信的基础之上发展而来的。OFDM 技术具有信息传输速率高、频谱利用率高和抗干扰性能强等优点，在可见光通信系统中得到了广泛的应用[92]。

1997 年，Kahn J M 研究团队解释了光无线通信系统中，采用强度调制方式的原因[93]。随后，Tanaka Y 研究团队提出了可以利用 LED 来进行通信，并以 IM/DD 的方式进行建模，结果表明多径效应是影响 VLC 系统性能的一个重要因素[94]。该团队还提出将 OFDM 技术引入 VLC 系统中来提高通信系统的信息传输速率，同时可以抵抗多径干扰的影响[95]。紧接着，西班牙的 Gonzalez O 的 Perez J R 等人将自适应 OFDM 传输方案应用在室内红外光通信系统中。仿真结果表明，自适应 OFDM 技术可以有效地提高系统的通信能力，并能降低系统噪声的影响[96]。Armstrong J 研究团队针对加性高斯白噪声（additive white gaussian noise, AWGN）信道，将 ACO-OFDM 调制方式与 DCO-OFDM、PPM、OOK 等调制方式进行了比较。仿真结果表明，当带宽效率相同时，子载波采用 4 阶正交幅度调制

（quadrature amplitude modulation，QAM）映像方式的 ACO-OFDM 调制方式比 OOK 具有更高的光功率效率；而且与其他调制方式相比，当调制阶数较高时，ACO-OFDM 具有更低的光功率损耗和更高的带宽效率[97]。Afgani M Z 团队研究了基于 OFDM 调制技术的 VLC 系统，实验证明该系统能在 1 m 内有效地消减平均波峰，提高 VLC 系统的稳定性[98]。ELgala H 和 Mesleh R 等在基于单个 LED 的实验系统中，采用正交相移键控（quadrature phase shift keying，QPSK）和编码 OFDM（coded OFDM，COFDM）相结合的调制方式。实验结果表明，在 90 cm 的距离范围内，系统的误码率可以达到 2×10^{-5} [99]。Armstrong J 团队对 ACO-OFDM 和 DCO-OFDM 调制方式在 AWGN 信道条件下的性能进行了对比。理论分析和仿真结果表明，DCO-OFDM 的最优偏置点取决于星座图的规模等因素，星座图的规模越大，所需要的直流偏置也越大，因而功率消耗也越大；ACO-OFDM 调制的星座图比较灵活，而且在相同的数据传输速率和误码率（bit error rate，BER）情况下，ACO-OFDM 要比 DCO-OFDM 具有更高的功率效率[100]。Hashemi S K 团队提出将导频信号插入 OFDM 信号中用于信道估计，以减小码间干扰的影响。采用 QAM、QPSK 和二相相移键控（binary phase shift keying，BPSK）的 OFDM 系统进行仿真实验，结果表明，导频序列长度越长，系统误码率越低[101]。Cvijetic N 团队在光无线系统中采用 DCO-OFDM 技术，信息传输速率达到 10 Gb/s。实验表明，在系统误码率为 10^{-3} 时，QPSK-OFDM 系统的性能要比不归零开关键控（non-return to zero OOK，NRZ-OOK）系统的性能好 3 dB[102]。Elgala H 团队以实际的 LED 为模型展开研究，其中 LED 型号为 OSRAM，SFH 4230。理论分析和仿真验证表明，LED 的非线性对系统性能会造成严重影响，但是采用预失真技术能够有效抵抗 LED 非线性的影响[103]。该团队研究了 ACO-OFDM 和 DCO-OFDM 信号在 AWGN 信道中的性能，并比较了它们的直流功率损耗和发射的光功率大小。受 LED 非线性的影响，两者均有一个最优的误码率性能，由于 ACO-OFDM 只需要一个很小的直流偏置就能使 LED 工作在线性范围内，因此其直流功率远小于 DCO-OFDM 技术[104]。Tsonev D 团队提出了 U-OFDM 传输技术，利用不同的时域采样信号的状态来传递信息，并将其与双极性 OFDM、ACO-OFDM 和 DCO-OFDM 相比较。结果表明，U-OFDM 的性能介于双极性 OFDM 和 ACO-OFDM 的性能之间；在相同频谱效率条件下，U-OFDM 的性能要比 DCO-OFDM 的性能好[105]。Pergoloni S 团队分析了直接检测 Flip-OFDM 在 VLC 系统中的性能[106]。Chen L 团队提出采用 DFT 扩频与限幅相结合的方式来降低基于 OFDM 的可见光系统中的 PAPR[107]。Zhang T 团队提出采用改进的压缩变换以降低基于 ACO-OFDM 的 VLC 系统中的 PAPR[108]。以上这些成果为 OFDM 在可见光中的后续研究奠定了坚实的基础，同时，在可见光系统中，进一步提高 OFDM 的频谱效率，具有挑战性，因此，在 OFDM 系统中，使用更先进的数字信号处理算法，显得尤为重要。

1.2.4 光 OFDM 系统中数字信号处理算法

1. 同步算法

为了保证通信系统的可靠性，需要使用同步技术。精确的同步技术是实现高速率光 OFDM 系统的前提[109]。2012 年，湖南大学 Di X 等在基于单模光纤的 DD-OOFDM 系统中，通过理论研究与实验验证，利用训练序列具有中心对称结构的优点，提出一种改进的定时同步方案[110]。利用该方案，能得到一条定时的关于测量函数的曲线，该曲线仅有一个尖锐的峰值；通过仿真以及实验，还验证了在 DD-OOFDM 系统中，当接收光功率较低时，该算法能精确地找到定时同步点，其定时捕获的概率较高，从而减少了系统在定时同步上对色散的敏感度[111]。近年来，湖南大学彭恋恋等研究出一种在 DDO-OFDM 传输系统中，使用格雷对作为训练序列实现定时同步的算法。该方案通过格雷序列对的非周期特性以及自相关互补特性，对双滑动窗中的信号进行处理，从而获取信号的能量，并获得精确的符号定时点[112]。湖南大学 Chen M 等提出了一种具有低复杂度且高效特点的基于训练序列（training sequence，Ts）的符号定时同步方案[113]。Barry L P 等提出基于一个锁相环的新的同步方案[114]。

在可见光通信系统中，由于使用了 IM/DD 方式，其同步方法可以与光 OFDM 中的同步方法相同。本书采用基于训练序列的方式，进行符号定时同步。

2. 信道估计算法

在进行通信时，信道条件与通信状况之间存在着紧密的联系。如果信道条件好，则通信质量高；反之，则通信质量差。对信道条件进行有效估计，是 OFDM 通信系统中的关键，提高信道估计的准确性能有效改善 OFDM 系统的性能。

信道估计是 OFDM 通信系统中的一个重要步骤。在信道估计中，能够采用多种方案进行，在一般情况下，研究人员按照其资源的利用情况，可以分为基于导频方案的信道估计，以及采用盲均衡信道估计的方案。

针对信道估计技术，近几年，学术界也进行了大量研究。如 2017 年，印度的 Singh P 等提出了基于偏置幅度正交调制（OQAM）系统的子载波频偏和信道估计算法[115]。

3. 降峰值功率平均比算法

光传输信道和高速光电器件会对 PAPR 较高的信号造成严重的非线性损伤，从而恶化光通信质量。采用线性范围大的光电器件成本高昂，实现难度大。因此，研究简单高效的数字信号处理方法来降低 OFDM 信号的 PAPR 是一个非常重要的课题。国内外研究人员对降低 OFDM 信号 PAPR 的技术做了大量研究。总体而言，降 PAPR 的方法可以分为预畸变类算法、编码类算法、概率类算法、空间扩频算法四类[116~132]。

本书采用了同步、信道估计、均衡、限幅、DFT 扩频降 PAPR 等算法，来实现 OFDM 信号的传输与离线数据处理[107, 133~135]。

1.3 本书的研究工作和结构安排

本书的主要研究内容是在分析光 OFDM 技术、直接检测光 OFDM 传输系统特征以及在相关数字信号处理算法的基础上，提出一种 FFT 长度有效的 OFDM 算法，采用了 DFT 扩频、自适应、OCT 预编码、预增强及辅助判决采样时钟频偏估计算法，对其性能经过数值仿真或理论研究后，实验验证了 OFDM DSP 算法在各通信系统中频谱利用率的提高，其具体研究内容以及框架如下：

第 1 章，绪论。说明了本书中开展有关研究内容的选题背景和意义，介绍基于光 OFDM 技术、DDO-OFDM 及 OFDM 系统中数字信号处理算法的国内外研究现状，明确了本书的研究方向。

第 2 章，直接检测光 OFDM 的系统原理分析。分别介绍了 OFDM、DDO-OFDM 系统、定时同步，以及信道估计与均衡的基本原理，为实现本书高频谱效率光 OFDM 系统的数字信号处理算法在理论上打下了坚实的基础。

第 3 章，基于 FFT 长度有效的 4096 QAM OFDM 系统的研究。针对 DDO-OFDM 系统，本书采用了低复杂度的基于 4096 QAM 的 FFT 长度有效的 OFDM 方法，并采用了 10 比特分辨率的数模转换器件和模数转换器件、时域过采样技术、大尺寸的 IFFT/FFT 长度，以及符号内频域平均信道估计算法。通过理论分析、数值仿真以及实验验证，对该算法在提高频谱效率上的优势进行了相关的研究。

第 4 章，基于自适应 DFT 扩频方案的 OFDM 算法的研究。分别以 4.75 Gbps 的 64QAM DFT 扩频 OFDM 信号和 3.17 Gbps 的 16QAM DFT 扩频 OFDM 信号为例，在光纤激光可见光融合系统中进行验证，误码率分别小于 10^{-2} 和 10^{-5}，达到了预期的设计目标。并研究了自适应 128/64QAM DFT 扩频方案的性能。针对激光可见光系统，通过自适应调制技术，提高了系统的传输速率，同时，保证了系统的可靠性传输。仿真和实验结果表明，自适应 DFT 扩频方案，能够取得良好的综合性能，能够实现比常规 OFDM 方案更高速率的通信。

第 5 章，基于正交循环矩阵变换预编码和预增强的联合方法研究。本书成功演示了 OCT 预编码和预增强的联合预处理方案在 LED 可见光系统中的传输过程。实验结果表明，与单一的预增强或预编码的方法相比，联合预处理方案可以有效地提高基于可见光通信的 OFDM 系统的误码率性能，以达到实现提高频谱利用率的目的。

第 6 章，基于判决辅助采样频偏算法的研究。针对 DDO-OFDM 系统，本书采用判决辅助算法，补偿采样频率偏移，减少 DDO-OFDM 系统发送端和接收端的保护间隔。在本书中，首先采用循环前缀(cyclic prefix, CP)阻止在 OFDM 符号中由采样时钟频偏引入的符号间干扰(ISI)。然后，使用新的判决辅助-采样时钟频偏算法，有效地补偿采样时钟频偏，减少循环前缀的长度。在不同情景下对该算法的性能进行了仿真调查。最后，在 16QAM 调制格式下进行了 LED 实验验证。仿真和实验结果表明，本书采用的判决辅助-采样频偏算法在通信系统中的抗采样频偏上，具有很强的鲁棒性。

第 7 章对本书的研究工作进行了总结，并对未来研究的相关工作做出了展望。

第 2 章　直接检测光 OFDM 系统原理

2.1　引言

本章主要是介绍 OFDM 系统的基本原理，并针对光纤 DDO-OFDM 系统以及可见光 OFDM 系统的特点进行重点阐述。通过分析和比较，选择合适的 OFDM 数字信号处理算法，从而实现高频谱效率，并进行必要的理论分析。

2.2　OFDM 基本原理

在不同的复用域中，OFDM 可以被定义为频分复用系统，但是具有更窄的频率间隙。事实上，由于每个子载波之间存在正交性，使得相邻子载波的频谱可以互相重叠。很显然，OFDM 比传统的频分复用（FDM）系统具有更高的频谱效率。此外，在光 OFDM 通信系统中，通过插入循环前缀，可以增强系统抗色散的能力。本小节简要介绍了 OFDM 的原理，包括子载波的正交性，循环前缀和基本的系统结构[136]。

图 2.1 所示为通用多载波调制系统的概念图。N_{sc} 是数据子载波总数，C_{ki} 表示在第 k 个子载波上的第 i 个信息符号，f_k 表示第 k 个子载波上的载波频率。因此，调制信号 $s(t)$ 表示如下：

$$s(t) = \sum_{i=-\infty}^{+\infty} \sum_{k=1}^{N_{sc}} C_{ki} s_k(t - iT_s) , \ s_k(t) = \prod(t) e^{j2\pi f_k t} \qquad (2.1)$$

$$\prod(t) = \begin{cases} 1, \ (0 < t \leqslant T_s) \\ 0, \ (t \leqslant 0, \ t > T_s) \end{cases} \qquad (2.2)$$

上式中，T_s 表示符号周期，$\prod(t)$ 表示波形整形功能。公式（2.2）表示矩形波形轮廓。在接收端，假设为每个子载波使用一个最优的检测器，输出端检测到的信息符号表示如下：

$$C'_{ki} = \frac{1}{T_s} \int_0^{T_s} r(t - iT_s) s_k^* \, dt = \frac{1}{T_s} \int_0^{T_s} r(t - iT_s) e^{-j2\pi f_k t} dt \qquad (2.3)$$

两个子载波的相关性如式（2.4）所示：

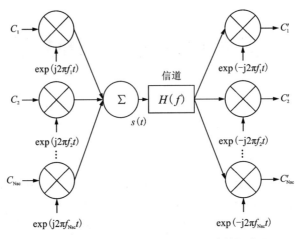

图 2.1   通用多载波调制 (MCM) 系统的概念图

$$\delta_{ki} = \frac{1}{T}\int_0^{T_s} s_k s_l^{*}\,\mathrm{d}t = \frac{1}{T}\int_0^{T_s} \mathrm{e}^{\mathrm{j}2\pi(f_k-f_1)t}\,\mathrm{d}t$$

$$= \mathrm{e}^{\mathrm{j}\pi(f_k-f_1)T_s}\,\frac{\sin[\,\pi(f_k-f_1)T_s\,]}{\pi(f_k-f_1)T_s} \tag{2.4}$$

因此，只要满足如下条件：

$$f_k - f_1 = m\,\frac{1}{T_s} \tag{2.5}$$

可以看出，两个子载波是彼此正交的，因为它们的相关性是 0，这样，子载波之间的信道间隔可以小到 $1/T_s$，从而实现高频谱效率。

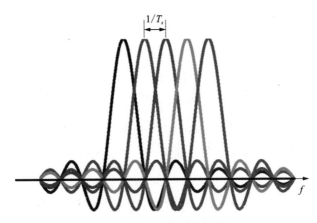

图 2.2   OFDM 符号的频谱图

从图 2.2 中可以看出，OFDM 符号的相邻子载波之间存在重叠。同时，只要子载波间保持正交性，就没有载波间干扰(ICI)。

循环前辍(CP)是 OFDM 信号中非常重要的内容，是对 OFDM 符号最后部分的波形进行复制，并将其插入到 OFDM 符号的最前端。只要前一个符号多径的副本都落在后一个符号的 CP 范围内，前后两个符号之间的干扰就可以消除。因此，色散引起不同子载波上的相位响应不一致，这可以通过抽头的均衡器予以校正。

从相位旋转中引入的原理能够从如下离散傅立叶变换(DFT)的特性得出：

$$y(n) = x((n+m))_N R_N | (n) \tag{2.6}$$

$$Y(k) = DFT[y(n)] = \exp(-j2\pi km/N) X(k) \tag{2.7}$$

上式中，N 表示 DFT 的长度，m 表示离散时延长度，$((.))_N$ 表示周期延迟。R_N 是周期扩展的主要值。图 2.3 显示 CP 插入过程中，由于色散效应引起的 DFT 窗口偏差。

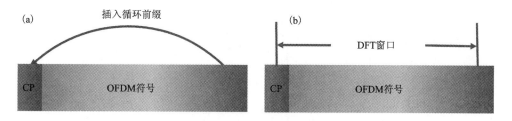

图 2.3　OFDM 符号描述

(a)插入循环前缀；(b)DFT 窗口偏差

一般情况下，CP 与它能克服的最大色散成正比。然而，CP 增加了开销，从而又降低了频谱效率。因此，在 OFDM 系统设计中，CP 的长度是可以进行优化的一个重要参数。

OFDM 的系统结构，每个子载波和其各自的数据相乘，以及图 2.1 中的求和，都可以通过快速傅立叶逆变换有效实现，这是离散傅立叶逆变换的实现过程。因此，在同一时间内，数据调制和复用技术可以有效地通过快速傅立叶逆变换实现。反过来，在接收端，解复用和解调技术可以通过简单但相反的方式，即快速傅立叶变换方式实现。图 2.4 所示为系统结构图。通过子载波复用技术，使高速串行数据流在并行信道中传输，因此子载波的数据率相对较低，适应高速电子产品的需求。

根据使用的检测方法，光 OFDM 系统可以分为直接检测光 OFDM 和相干检测光 OFDM。相干光 OFDM 具有更多的自由度，支持更多的复用方法。由于本振源的使用，相干检测具有更高的接收灵敏度。然而，直接检测光 OFDM 比相干检测光 OFDM 具有更简单的系统结构，并且成本低。表 2.1 详细描述了相干检测光

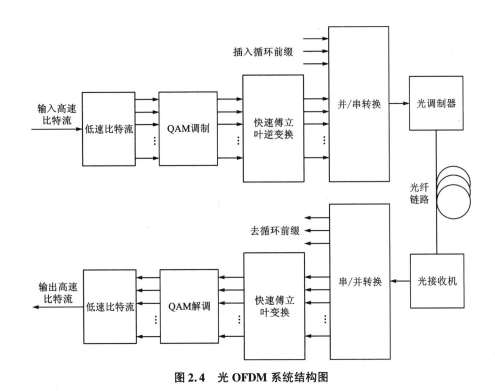

图 2.4　光 OFDM 系统结构图

OFDM 与直接检测光 OFDM 的性能比较。

表 2.1　相干检测光 OFDM 与直接检测光 OFDM 的性能比较

	相干检测光 OFDM	直接检测光 OFDM
接收机	相干接收机	单个光电二极管
接收机的灵敏度	高灵敏度	要求更高的光信噪比
频谱效率	高	通常需要防护频带
数字信号处理复杂性	高	低
成本	高	低
应用	骨干网	接入网

OFDM 抵抗频率选择性衰落的能力较强，其占用的系统带宽均被若干个子载波分成了许多个窄带的子信道，因此，在每个子载波中，其信道响应都可以认为是平坦的，从而避免了频率选择性衰落问题，可适用于高速数据传输系统。由于

OFDM 信号本身为频域信号,其频域均衡的实现过程简单。同时,OFDM 系统也存在如下缺点:首先,由于其多载波特性,相同相位下的子载波信号会互相叠加,产生较高的 PAPR 值,即 OFDM 信号的最大幅值与平均幅值之间的差距波动较大,进而增大了 DAC、功率放大器等器件的线性范围需求,降低了系统的功率转换效率;其次,OFDM 信号容易受到频率偏差和相位噪声的影响,无论是载波频偏还是采样时钟频偏,或是其他相位噪声,均会使得 OFDM 各个子载波之间的正交性受到破坏,进而产生严重的载波间干扰。

2.3 光纤 DDO-OFDM 系统原理

20 世纪 90 年代,掺铒光纤放大器等光学器件[22]以及波分多路复用[39, 68]、色散补偿等通信技术的引入[16, 60],大大地改善了光纤 DDO-OFDM 系统的性能。直接检测光 OFDM 系统的基础是光 OFDM 技术,其技术要点是,在接收端使用光电二极管(PD)对光电流进行直接检测,经过放大和解调,恢复原始信息。直接检测光 OFDM 系统能有效地对抗多径衰落,进而提高频谱利用率,且结构简单、成本低,对激光器的相位噪声不敏感[1, 13, 27]。

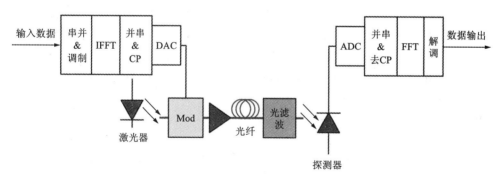

图 2.5 光纤 DDO-OFDM 系统原理框图

图 2.5 为基本的光纤 DDO-OFDM 系统原理图。在发送端,首先对输入的二进制比特流进行串/并变换,使之转换为多路并行的数据流。然后对每一路数据通过 QAM 调制等方式,进行码元映像。并将映射后的数据传输到 IFFT 处理器中。进行 IFFT 之后,在每个 OFDM 符号前加入 CP。接着进行并/串转换,进而经过数模转换(DAC),将数据转换成模拟信号,也就是基带 OFDM 信号。随后将 OFDM 信号传输到光调制器中作为调制信号,对从激光器发出来的光使用强度调制。经过信道传输后,在接收机中使用直接检测的方式,使光信号经过光电转换,成为电信号,采取与发射机处理的逆过程进行解调,进而恢复出原始信息。

用 $C_{i,k}$ 表示第 i 个 OFDM 符号中第 k 个子载波的信息，加入循环前缀后，基带 OFDM 符号能够表示为[137-139]：

$$S_B(t) = e^{i2\pi k \Delta f T_{CP}} \sum_{K=-N_{sc}/2}^{N_{SC}/2-1} C_{i,k} \exp(j2\pi k \Delta f t) \tag{2.8}$$

式中，N_{sc} 表示子载波的个数，子载波的频率间隔 $\Delta f = 1/(T_s - T_{CP})$。如果光调制是线性调制，则调制之后的光 OFDM 信号经过光信道进行传输，到达光电检测器后，信号能够表示为：

$$E_0(t) = k \cdot S_B(t) \otimes h(t) \tag{2.9}$$

式中，k 表示线性光调制的比例因子，$h(t)$ 表示光信道传递函数，"$\otimes$"表示卷积。如果接收机的响应度为 R，$n(t)$ 表示接收机的噪声，那么，在接收机中，探测到的光电流 $I(t)$ 能够表示为：

$$I(t) = R|E_0|(t)^2| + n(t) \tag{2.10}$$

探测到的光电流经过模数转换（ADC）之后，将转换为数字信号。经过与发射端相逆的数字信号处理后，再进行解调以及数据的恢复。

2.4 可见光 OFDM 系统原理

可见光 OFDM 系统的基本原理如图 2.6 所示，由信源发出的数据首先经过串并转换，将高速的串行数据流转换为并行低速的数据流。通过这些低速数据流分别对各个子载波进行正交幅度调制（QAM）。除此之外，OFDM 符号插入了训练序列以实现系统的采样时钟同步以及进行信道估计。接着利用快速傅立叶反变换（IFFT）完成调制，同时插入循环前缀等（CP）作为保护间隔。最后，经 D/A 转换将已调制的信号通过可见光信道发送出去。

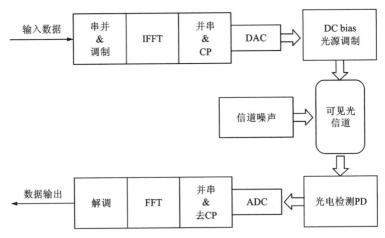

图 2.6 可见光 OFDM 系统原理框图

　　由于可见光通信是基于光源的调制,因此,所有的 OFDM 的时域信号都必须为正值。所以,通常在 LED 处加上一个直流偏置(DC-bias)来将时域内 OFDM 符号的负值转变为正值[100]。

　　经过可见光信道传输后,接收端通过光电检测二极管(PD)把接收到的光信号转换为电信号,经过 A/D、串并转换、去循环前缀等一系列数据处理过程后,再经过快速傅立叶变换以及 QAM 解调,最后还原出原始电信号,从而实现信息数据的传输。

2.5　基本数字信号处理技术

　　无论是在光纤直接检测系统还是在可见光通信系统中,信号经过传输后势必会受到损伤。为了实现低误码或者无误码地恢复发送端的原始信号,就需要借助相关 DSP 技术。在这里,主要介绍 DDO-OFDM 系统中最为常见的 DSP 技术:定时同步、信道估计与均衡、DFT 扩频技术,以及自适应调制技术。本书中所用到的定时同步与信道估计算法都是基于单个训练序列完成的,所用的自适应调制技术是基于比特自适应的。

2.5.1　定时同步

　　在接收端,为了实现信号的正确解调,就需要找到信号的起始位置。这也是实现后续信道估计及均衡的前提。通常定时同步算法又分为非数据辅助算法和基于数据辅助算法两类。前者虽然不需要额外的数据开销,但是复杂度高,并且同步性能不如后者。在本书中,采用后者中的基于训练序列进行定时同步。其原理为在接收端取一个与发送端训练序列一样长的滑动窗,并计算滑动窗所截取的信号与发送端训练序列的相关性,当相关性最大时即可确定信号的起始位置。

　　本书使用的训练序列在频域上为二进制相移键控符号(binary phase shift keying, BPSK)[109],通过 IFFT 变换并适当增加一定长度的循环前缀得到时域的训练序列。基于训练序列定时同步的测量函数可以表示为:

$$M(d) = \sum_{n=0}^{N_t-1} t(n) \cdot r(n+d) \qquad (2.11)$$

式中,$t(n)$ 为从发送端生成的时域训练序列,其长度为 $N_t = N_s + N_{cp}$,N_{cp} 为 IFFT 的长度,N_{cp} 为循环前缀的长度,而 $r(n)$ 则是在接收端接收到的数据。通过搜索 $M(d)$ 的最大值,得到最大值对应的 d 就是训练序列的起始点 d_{sp},可定义为:

$$d_{sp} = \arg\{\max[M(d)]\} \qquad (2.12)$$

式中,$\arg\{\max[\cdot]\}$ 表示目标表达式取最大值时对应的参数值,在式(2.12)中提取 $M(d)$ 的最大值对应的参数值 d。

2.5.2 信道估计与均衡

经过定时同步找到信号的起始位置，下一步就是通过信道估计均衡补偿信号在信道及器件中所受到的各种损伤。由此可知，信道估计是实现信号均衡、解调与检测的基础。本书中，在发送端采用单个训练序列置于信号帧的起始位置用于定时同步和信道估计。通过定时同步找到信号起点后，使训练序列继续用于估计信道响应。在频域内，通过训练序列对信道进行估计，通常用到的算法为低复杂度的最小二乘法(least-square，LS)[140]。

假设发送信号为 X，频域信道响应为 H，当信号进行同步处理后，接收到的信号可以表示为：

$$R = XH + N \tag{2.13}$$

式中，N 表示加性高斯白噪声。LS 算法就是找到一个信道估计值 $\hat{H}$ 使得发送端以及接收端的平方误差最小，即 $F(\hat{H})$ 最小：

$$F(\hat{H}) = \| R - X\hat{H} \|^2 = (R - X\hat{H})^* (R - X\hat{H})$$
$$= R^* R - R^* X\hat{H} - \hat{H}^* X^* R + \hat{H}^* X^* X\hat{H} \tag{2.14}$$

对 $F(\hat{H})$ 进行求导并使其导数等于 0：

$$\frac{\partial F(\hat{H})}{\partial \hat{H}} = -R^* X + \hat{H}^* X^* X = 0 \tag{2.15}$$

因此，得到的 LS 信道估计值为：

$$\hat{H}_{LS} = \frac{R}{X} = \frac{XH + N}{X} = H + X^{-1} N \tag{2.16}$$

通常，在信道估计中，X 和 R 分别代表发送端和接收端的训练序列。在本书中也就是同时用于定时同步和信道估计的训练序列。根据估计出的信道传输函数，对接收信号在频域上进行均衡处理，从而消除码间的串扰以及补偿信道的损伤，尽可能正确地恢复出原始信号。从基于 LS 的信道估计算法中可以发现，当信噪比较低时，LS 算法得到的信道估计值的精确度会急速下降，进而影响后面的均衡。但是由于其结构简单，易于实现，LS 算法还是被广泛用于信道估计中。

2.5.3 DFT 扩频技术

与传统的 OFDM 系统结构相比，DFT 扩频技术首先将输入信号通过 DFT 扩频，随后再进行 IFFT 运算。这种方法可以将 OFDM 信号的峰均比降低到单载波的水平。这种技术也被称为单载波频分多址(SC-FDMA)，DFT 扩频的通信系统结构如图 2.7 所示[22]：

在 OFDM 系统中，子载波被分配给多个用户。这里假设子载波的总数为 N，每个用户分配的子载波数为 M。DFT 扩频技术先进行 M 点的 DFT 变换，变换后

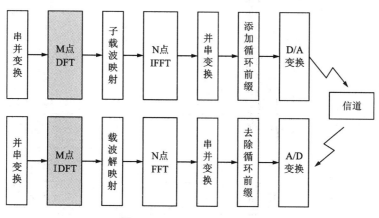

图 2.7　DFT 扩频系统框图

的数据映射到 IFFT 的子载波上。用户子载波的分配方式将影响峰均比降低的性能。通常有两种分配方法，即分布式(DFDMA)和集中式(LFDMA)[141]。如图 2.8 所示，DFDMA 是在整个频带内分配 M 点的 DFT 的输出，同时对没有使用的 $N-M$ 个子载波全部填充为零。而 LFDMA 分配给 DFT 数据的是连续 M 个子载波，其他子载波补零。当 DFDMA 等间距地分配 DFT 数据时，则间距 S 为 N/M，这称为 IFDMA(交织 FDMA)[141]，其中 S 为带宽的扩频因子。

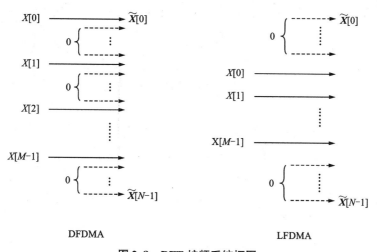

图 2.8　DFT 扩频系统框图

　　图 2.9 展示了 DFT 扩频中 DFDMA、LFDMA 和 IFDMA 子载波分配的例子，其中总的子载波数 $N=12$、DFT 点数 $M=4$、扩频因子 $S=3$。此外，它还说明了 4 点

DFT 和 12 点 IDFT 的子载波映射关系。

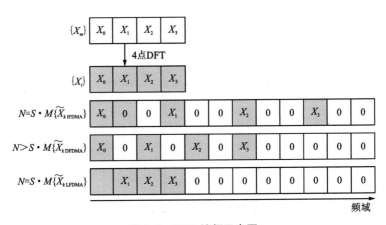

图 2.9　DFT 扩频示意图

采用 DFT 扩频技术的发射端系统框图如图 2.10 所示。输入数据 x_m 经过 DFT 扩频生成频域数据 X_i，数据 X_i 通过载波映射成为 IFFT 变换的数据。

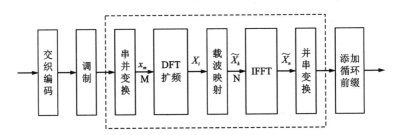

图 2.10　DFT 扩频技术的发射端系统框图

采用 IFDMA 的载波分配方案，其映射关系如式(2.17)所示：

$$\tilde{X}_k = \begin{cases} X_{k/s}, & k=Sm_1, \ m_1=0,1,2,\cdots,M-1 \\ 0, & \text{其他} \end{cases} \tag{2.17}$$

经过 IFFT 变换，输出序列 $\tilde{x}_n$（其中，$n=M \cdot s+m$，$s=0,1,2\cdots,S-1$，$m=0$，$1,2,\cdots,M-1$）可表示为：

$$\tilde{X}_n = \frac{1}{N}\sum_{k=0}^{N-1}\tilde{X}_k e^{j2\pi\frac{n}{N}k} = \frac{1}{S} \cdot \frac{1}{M}\sum_{m_1=0}^{M-1}e^{j2\pi\frac{n}{M}m_1}$$

$$= \frac{1}{S} \cdot \frac{1}{M}\sum_{m_1=0}^{M-1}X_{m_1}e^{j2\pi\frac{Ms+m}{M}m_1} = \frac{1}{S} \cdot \left(\frac{1}{M}\sum_{m_1=0}^{M-1}X_{m_1}e^{j2\pi\frac{Ms+m}{M}m_1}\right) = \frac{1}{S} \cdot x_m \tag{2.18}$$

由式(2.18)得出，输出的结果可以看成是在时域上，由一系列初始输入的数据副本组合而成，其幅度缩减到了原来的 $1/S$。假设，首先对第 r 个子载波进行 IFDMA 映射，（其中 $r=0，1，2\cdots，S-1$），那么 DFT 扩频符号如式(2.19)所示：

$$\tilde{X}_k = \begin{cases} X_{k/s-r}, & k = S \cdot m_1 + r, \ m_1 = 0, \ 1, \ 2, \ \cdots, \ M - 1 \\ 0, & \text{其他} \end{cases} \tag{2.19}$$

则相对应的 IFFT 输出序列如式(2.20)所示：

$$\tilde{X}_n = x_{Ms+m} = \frac{1}{N}\sum_{k=0}^{N-1}\tilde{X}_k e^{j2\pi\frac{n}{N}k} = \frac{1}{S} \cdot \frac{1}{M}\sum_{m_1=0}^{M-1}X_{m_1}e^{j\left(\frac{n}{M}m_1+\frac{n}{N}r\right)}$$

$$= \frac{1}{S} \cdot \frac{1}{M}\sum_{m_1=0}^{M-1}X_{m_1}e^{j2\pi\frac{(Ms+m)}{M}m_1}e^{j2\pi\frac{n}{N}r}$$

$$= \frac{1}{S} \cdot \left(\frac{1}{M}\sum_{m_1=0}^{M-1}X_{m_1}e^{j2\pi\frac{m}{M}m_1}\right)e^{j2\pi\frac{n}{N}r} = \frac{1}{S}e^{j2\pi\frac{n}{N}r} \cdot x_m \tag{2.20}$$

相比于首先对第 0 个子载波进行映射，如果是首先对第 r 个子载波进行 IFDMA 操作，则是对频域上的数据进行移位，就会引起时域上的信号产生相位旋转。

如果采用 DFDMA 方案，按照载波的分配方式，IFFT 输入数据 $\tilde{X}_k$ 可以表示为：

$$\tilde{X}_k = \begin{cases} X_k, & k=0, \ 1, \ 2, \ \cdots, \ M-1 \\ 0, & k=M, \ M+1, \ \cdots, \ N-1 \end{cases} \tag{2.21}$$

IFFT 变换后输出的序列 $\tilde{X}_n$（其中 $n=S \cdot m+s, \ s=0, \ 1, \ 2, \ \cdots, \ S-1$）表示如下：

$$\tilde{X}_n = \tilde{X}_{Sm+s} = \frac{1}{N}\sum_{k=0}^{N-1}\tilde{X}_k e^{j2\pi\frac{n}{N}k} = \frac{1}{S} \cdot \frac{1}{M}\sum_{k=0}^{M-1}X_k e^{j2\pi\frac{Sm+s}{SM}r} \tag{2.22}$$

如果 $s=0$，式(2.22)变换为：

$$\tilde{X}_n = \tilde{X}_{Sm} = \frac{1}{S} \cdot \frac{1}{M}\sum_{k=0}^{M-1}X_k e^{j2\pi\frac{Sm}{SM}k} = \frac{1}{S} \cdot \frac{1}{M}\sum_{k=0}^{M-1}X_k e^{j2\pi\frac{m}{M}k} = \frac{1}{S}x_m \tag{2.23}$$

如果 $s \neq 0$，因为 $X_k = \sum_{p=0}^{M-1}x_p e^{-j2\pi\frac{p}{M}k}$，所以式(2.23)变换为：

$$\tilde{X}_n = \tilde{X}_{Sm+s} = \frac{1}{S} \cdot \frac{1}{M}\sum_{k=0}^{M-1}X_k e^{j2\pi\frac{Sm+s}{SM}k} = \frac{1}{S}(1-e^{j2\pi\frac{s}{S}}) \cdot \frac{1}{M}\sum_{p=0}^{M-1}\frac{x_p}{1-e^{j2\pi\left(\frac{m-p}{M}+\frac{s}{SM}\right)}}$$

$$= \frac{1}{S}e^{j2\pi\frac{(M-1)s-Sm}{SM}}\sum_{p=0}^{M-1}\underbrace{\frac{\sin\left(\pi\dfrac{s}{S}\right)}{M\sin\left(\pi\dfrac{Sm+s}{SM}-\pi\dfrac{p}{M}\right)}}_{\text{定义为}c_{m,s,p}} \cdot (e^{j2\pi\frac{p}{M}}x_p)\underbrace{e^{j2\pi\frac{p}{M}}x_p}_{\text{定义为}\tilde{x}_p} \tag{2.24}$$

根据式(2.23)和式(2.24)得出，当时域上 LFDMA 信号为 S 的整数倍时，得到的值为输入数据的 $1/S$。但是在其他时刻，通过对所有输入数据进行不同的复数因子加权得到其值。在 DFT 扩频技术中，IFDMA 以及 LFDMA 的时域信号如图 2.11 所示。载波的总数 $N=12$，DFT 的点数 $M=4$，扩频因子 $S=3$。

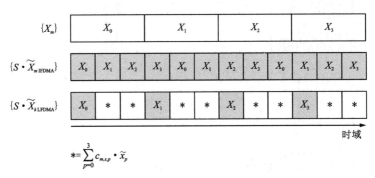

$$*=\sum_{p=0}^{3}c_{m,s,p}\cdot\widetilde{x}_p$$

图 2.11 DFT 扩频后时域上的信号

2.5.4 自适应调制技术

自适应调制 OFDM 的原理是，根据信道响应情况，对各子载波所携带的比特数以及分配给各子载波的功率进行合理分配[142]。如图 2.12 所示，自适应调制 OFDM 中，不同信道上的子载波数据采用不同的映射方式：衰减较小的信道上，对应子载波采用高阶的映射方式；而衰减较大的信道上，对应子载波则采用低阶的映射方式。自适应调制 OFDM 不仅能够有效提高 OFDM 系统的通信效率，而且实现过程简单，调制带宽受到限制的系统时，比较适合采用自适应调制技术。

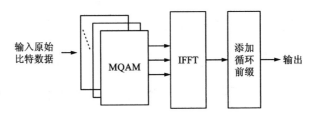

图 2.12 自适应调制 OFDM 发射端框图

2.6 小结

本章简要介绍了 OFDM 以及 DDO-OFDM 的有关工作原理，分析了信道同步、信道估计与均衡技术、DFT 扩频技术。本章进行的理论分析，对后续章节中有关算法的仿真设计以及实验实现，具有非常重要的指导意义。

第 3 章　基于 FFT 长度有效的 4096 QAM OFDM 系统的研究

3.1　引言

随着短距离高速光通信的应用,如面向数据中心和光接入网的互联,强度调制直接检测光正交频分多路复用(IMDD-OOFDM)被广泛认为是一种关键技术。与相干光 OFDM 相比,直接检测光 OFDM 结构简单,成本低;与传统的 OOK 调制相比,直接检测光 OFDM 具有更高的频谱效率。在带宽受限的直接检测光 OFDM 系统中,高阶 QAM 是一种提高数据传输速率的有效方法。同时,使用低成本的光电设备,如电吸收调制激光器(EML)或直接调制激光器(DML)能提高成本的有效性[31]。

在相干光 OFDM 系统中,激光相位噪声(或线宽)引起的载波间干扰严重降低了系统的性能。因此,在发送端和接收端产生和接收高阶 QAM OFDM 信号都要求激光器具有较窄的线宽。然而,在强度调制直接检测光 OFDM 系统中,由相位噪声和频偏估计引入的载波间干扰可以忽略不计,因为在短距离光纤传输中,OFDM 子载波和光载波密切相关。

值得注意的是,对于数模转换和模数转换的量化噪声来说,高阶 QAM 格式的 OFDM 信号调制非常灵敏。实现 4096QAM 的关键是用高垂直分辨率的 ADC,其重要参数是有效的比特数(ENOB)。ENOB 的计算中使用的 ADC 测量出的信噪失真比(SNDR),是根据公式 $SNDR = 6.02 \times ENOB + 1.76$ 换算而来的。其中,SNDR 是指频带内信号总功率和噪声以及谐波功率之和的比值。它的定义和 SNR 的定义类似,只是为了强调 ADC 中的谐波失真。对于一个非理想的 ADC,其输出不仅有量化噪声,还有失真引起的高次谐波,所以会在 SNDR 的计算中抵消一部分精度。通常,商用的高速数据存储示波器的分辨率仅有 8 位,其中 ENOB 大约为 6.5 位或者更低。对于 4096 QAM 来说,为了实现 1×10^{-2} 的误码率,需要的信噪比大约是 37 dB,对应的 EVM 值大约是 -37 dB。当 OFDM 信号被限制在最优的数字限幅水平时,数模转换/模数转换的 ENOB 将被限制在 7 位。因此,实现高阶 QAM 直接检测光 OFDM 的最大挑战是高速模转换器有限的垂直分辨率。此外,通过使用过采样,能够实现更高的数模转换/模数转换垂直分辨率(或有效的比特数)。目前为止，2048 QAM 是最高的调制格式，之前，它已经在 IM/DD 光 OFDM 系统中得到了成功验证。在传统的 OFDM 信号中，在快速反傅立叶变换（IFFT）之前，采用共轭对称来产生实数 OFDM 信号，因此，仅有一半的子载波用于携带数据。传输 N 倍 QAM 映像 OFDM 符号，需要 $2N$ 倍的 IFFT 和 FFT。在高速光 OFDM 系统中，需要更多的硬件开销，带来更多的资源损耗。为了解决这个问题，有仿真研究并实验演示了 FFT 长度有效的 OFDM 方案[143]。与传统的直接检测光 OFDM 方案相比，FFT 长度有效方案可用来减少功耗和功率复杂度。

本章用实验演示了在强度调制直接检测传输系统中使用低成本 DML 和标准单模光纤传输 10G FFT 长度有效和预均衡的 4096 QAM OFDM 信号。本章使用了以下几点关键技术：①使用 10 比特分辨率的 DAC 和 ADC，结合过采样技术，用于发送和接收高质量的 4096 QAM 信号。②使用大尺寸的 IFFT/FFT 长度来增强其符号间抗干扰的能力。③使用符号内频域平均的方法来进行准确的信道估计。这是在短距离应用中，首次使用 FFT 长度有效的方案演示高阶 QAM 的光 OFDM 系统。此外，本章还数字仿真了使用低成本的 10G 光学器件产生 100G 4096 QAM OFDM 信号，并研究了其激光相位噪声产生的影响。

3.2　QAM 调制方式及其信号特点

正交振幅调制是相位、振幅联合调制方式中的一种调制手段。由于在正交振幅调制中，信号的相位与振幅都包含着有用的信息，从而有效地实现了信号在频谱利用率上的提高。一般来说，信道的传输带宽为 Δf 时，可以传送的信号频带小于 Δf。在普通的调幅（AM）系统中，调幅信号通常包含载波中的双边带信号，传送带宽为 Δf 的信号时，需要的信道带宽为 $2\Delta f$；但是，QAM 调制下，信道带宽为 $2\Delta f$ 时，可以同时传送两路 $2\Delta f$ 的信号，频带的利用率得到了很大的提升。此外，在正交振幅调制信号中，调制阶数越高，其频带利用率也就越高，相对应地，数据的传输速度也得到了有效的提升。以 256QAM 作为实例，每个符号都包含了八比特二进制有用信息，在 1024 QAM 中，每个符号通常都包含了十比特二进制有用信息，和 64QAM 相比，它们的性能分别提升了 33.33% 和 66.7%。

图 3.1 所示为 QAM 调制的一个基本原理框图。

星座图是指信号矢量的端点在坐标图中保存下来的分布图，它可以形象直观地描述信号在整个空间内的分布信息。星座图可以包含多种形式，例如圆形、方形，以及十字形。如果信号中的 $M=2^{2m}$，则将它映射到坐标轴上时，其坐标分别为：± 1，± 3，$\cdots$，$\pm\sqrt{M}-1$。图 3.2 所示为 MQAM 信号的矩形星座图。其中 M 分别表示 4，16，32、64、128 和 256。当 M 的值为 32 或者 128 时，M 为 2 的奇次幂，即每个符号都携带着奇数个的比特信息，此时，信号的星座图是十字形的。当将

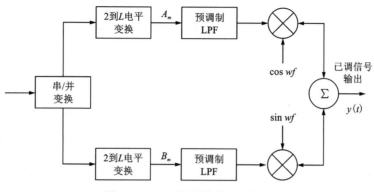

图 3.1　QAM 调制基本原理框图

M 设为 4，16，32，…，256 时，则 M 为 2 的偶次幂，即每个符号携带着偶数个比特信息，此时，信号的星座图为正方形。

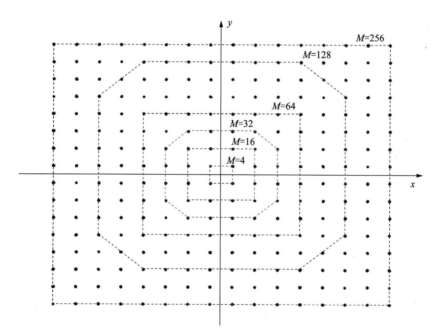

图 3.2　MQAM 信号矩形星座图

假设信号的矢量点之间的最小距离为 $2A$，而且所有信号的矢量点出现的概率都是相同的，则发射信号的平均功率能够表示成：

$$P_s = \frac{A}{M} \sum_{n=1}^{M} (c_n^2 + d_n^2) \tag{3.1}$$

假设已调制信号的最大幅度为 1，则多进制的相位键控信号 MPSK，在星座图中的矢量端点之间的最小距离可以表示成：

$$d_{\text{MPSK}} = 2\sin\left(\frac{\pi}{M}\right) \tag{3.2}$$

然而，多进制 MQAM 信号在星座图中的矢量端点之间的最小距离则是：

$$d_{\text{MQAM}} = \frac{\sqrt{2}}{L-1} = \frac{\sqrt{2}}{\sqrt{M}-1} \tag{3.3}$$

L 是指多进制 MQAM 的矩形星座图中，信号在横轴和纵轴上进行投影的电平个数。当 M 为 16 时，$d_{\text{16QAM}} = 0.47$，$d_{\text{16PSK}} = 0.39$，可以看出 $d_{\text{16QAM}} > d_{\text{16PSK}}$，这表明，在抗干扰能力上，16QAM 系统比 16PSK 系统要强。随着 M 值的不断增大，MQAM 系统的抗干扰能力也相应地体现得越来越明显。

由此得知，相比于其他的数字调制方法，MQAM 调制方式具有频谱利用率高，以及抗干扰能力强等突出的优点，因此，MQAM 调制方式应用广泛。

在 QAM 信号中，其基本的表达式为：

$$S_{\text{QAM}}(t) = \sum_n A_n g(t - nT_s) \cos(2\pi f_c t + \varphi_n) \tag{3.4}$$

式中，A_n 表示基带信号的幅度，f_c 表示载波频率，φ_n 表示载波相位，$g(t)$ 表示基带码元符号。从公式中可以看出，QAM 调制方式是一种结合幅度以及相位的组合调制方式。

在 QAM 信号中，带宽表示为：

$$B_{\text{QAM}} = 2R_s = 2R_b / \log_2 M \tag{3.5}$$

频带利用率表示为：

$$\eta_{\text{QAM}} = \frac{R_s \log_2 M}{B_{\text{QAM}}} = \frac{1}{2} \log_2 M \tag{3.6}$$

误码率表示为：

$$p_2 = \left(1 - \frac{1}{L}\right) \text{erfc}\left[\sqrt{\frac{3\log_2 L}{L^2 - 1}\left(\frac{E_b}{n_0}\right)}\right] \tag{3.7}$$

式(3.5)～式(3.7)中，R_b 表示比特率，M 表示调制阶数，R_s 表示符号率，$L = \sqrt{M}$，E_b 表示平均比特能量，n_0 表示噪声单边的功率谱密度。根据式(3.6)得出，假设信号的比特率不变，当调制阶数 M 越大时，所对应的系统的带宽就越小，因此，系统的频带利用率也就越高。

3.3　过采样技术

随着人们对数字技术掌握能力的提升，数字信号处理（DSP）技术逐渐在各领域发挥起更大的作用，其优异的信号处理能力带动了系统性能的不断革新，随之而来的还有成本的不断降低。因此，利用数字信号处理技术对模拟信号进行处理变得很有必要。为实现此目的，首先要做的就是将模拟信号转化为数字信号，于是人们设计了能够实现模拟数据向数字数据转换的电路，也称为模数转换电路或模数转换器，简称 ADC（analog-digital converter）。

在经过模数转换（A/D）之后，模拟信号变成了数字信号，此时，就可以运用数字信号处理技术进行数据处理。数字信号处理电路虽然能够对数据进行更好的处理，但其输出的信号依然还是数字信号，为了更好地为人类所认知，还需要将输出数字数据转换为模拟量。实现数字信号向模拟信号转换的电路结构称为数字模拟转换电路，也称为数模转换电路，简称为 DAC（digital-analog converter）。ADC 和 DAC 构成了模拟世界和数字世界的接口，两者统称数据转换器。

为了提高数据转换的分辨率，传统的做法有两种，一是提高取样频率，二是利用高分辨率的 A/D 转换设备实现高分辨率。为了与高分辨率相匹配，其他元器件也必须有足够高的精度，这就使得提高数据分辨率受到了较大限制。高的采样频率在改善转换器分辨率的同时也会带来较高的噪声，也会影响数据转换的信噪比和分辨率。

为了提高 A/D 转换器的分辨能力，增加 A/D 转换的有效位数，人们引入了过采样的概念。过采样技术是一种提高 A/D 转换器性能的常用方法。该方法通过提高采样频率来降低混杂在信号通频带内的噪声功率，进而提高信噪比，从而增加 A/D 转换器的有效位数[144]。由于过采样的应用范围广泛，其迅速成为 A/D 转换领域广为使用的方法。

过采样的方法是提高数据转换分辨率常用的方法，该方法采用高于奈奎斯特采样频率的取样频率对信号进行采样。过采样电路通过对高取样频率下产生的噪声进行噪声整形，使频带内噪声功率降低，从而达到提高信号信噪比的目的，这种方法已普遍运用到高精度的数据转换电路设计中，尤其是高保真的数字音频系统。过取样技术可以大幅度提高 A/D 转换器的转换精度，但同时也要求 DSP 设备要有很高的运算速度。

数字转换技术根据采样频率的高低，可分为传统奈奎斯特采样和过采样技术。数据转换电路也相应地分为奈奎斯特数据转换电路和过采样数据转换电路。过采样就是通过远高于奈奎斯特频率的频率对模拟信号进行采样，然后运用 DSP 技术来提高 A/D 转换分辨率的方法。

在信号传输和检测的过程中，几乎所有的场合都会用到 A/D 转换器，而不同场合对 A/D 转换器的要求也不同，通常情况下，影响 A/D 转换器选择的因素有信号的动态范围、对信号最大误差的要求、信噪比等。如果系统对信号的要求很高，不仅有足够大的输入动态，又要保证信号的高精确度，这时就必须使用高精度的 ADC。在信息传输时，人们往往希望接收到的信息最大限度地接近原始信号，这也要求系统 ADC 能够有较高的分辨率。将过采样技术加入系统，能实现提高分辨率的目的。

过采样方法是 A/D 转换中用来提高转换分辨率的常用方法之一，该方法通过高采样率来降低噪声功率，从而提高输出信号的信噪比(SNR)，进而达到提高输出数据有效位数的目的。

3.3.1 过采样原理

当进行 A/D 转换时会引进很多噪声，例如电压不稳定等因素造成的系统噪声和量化器产生的量化噪声。电压噪声等外界系统噪声可以通过提高电路布线及连接方式等方法进行改善，其中大部分噪声可以滤除掉，但由量化过程产生的量化噪声与信号处于同一频带，造成的量化噪声无法避免，因此如何减小量化噪声成为改善信噪比的关键点。过采样技术就是一种能够减小量化噪声的有效手段，通过提高采样率和加权均值的方法提高信噪比，进而增加 A/D 转换器的有效位数。

信噪比和分辨率是紧密相关的，一个信号信噪比的提高意味着有效位数的增加，所以过采样方法在降低量化噪声的同时完成了提高 A/D 转换器分辨率的目标。本小节将对过采样方法进行理论分析，探究过采样方法是如何完成改善性噪比和提高分辨率的目标的。

首先定义过采样比 OSR[51]：

$$OSR = \frac{f_s}{2f_m} \tag{3.8}$$

式中，f_s 为过采样的采样频率，f_m 为采样信号的最高频率。

1. 过采样方法带内噪声整形

当采样频率为 f_s 时，系统能够无失真地恢复 $f_s/2$ 以内的有用信号。当采样频率为 600 Hz，那么小于 300 Hz 的模拟信号就能够被无失真地恢复和分析。在有用信号的频带内($f_s/2$ 以内)，噪声的功率谱密度可以用如下公式计算：

$$E(f) = e_{rms} \left(\frac{2}{f_s} \right)^{1/2} \tag{3.9}$$

式中，$E(f)$ 表示夹杂在信号内的噪声功率密度，e_{rms} 为平均噪声功率。

式(3.9)说明，有用信号带内噪声功率密度是采样频率的函数，且与采样频率成反比。

2. 噪声分析

为了更好地分析过采样对分辨率的影响，首先介绍量化噪声及信噪比的概念。

在 ADC 进行量化时，会将模拟电压抽样值四舍五入到离它差值最小的量化电平上，于是两个相邻量化电平的差值（即最小量化步长）就成为量化误差大小的决定因素。ADC 两个相邻量化电平的差值为其能够最小分辨的电压变化，也就是数字输出量最低位为 1 时代表的电压值，称为量化步长，用 1 LSB 或 q 表示[51]：

$$q = \frac{V_{\text{ref}}}{2^N} \tag{3.10}$$

式中，N 是 A/D 转换器的输出位数，V_{ref} 是 A/D 转换器的最大输入值。

一个量化步长为 q 的 ADC 在进行量化时，量化误差（e_q）满足：

$$e_q \leqslant \frac{q}{2} \tag{3.11}$$

假设输入的信号为随机信号，电压幅值随机变化，且采样点数足够多，则在量化过程中产生的量化噪声会按照高斯分布。在此情况下，可将量化噪声视为白噪声，可用高斯白噪声的特点对其进行分析。通过以上条件，平均噪声功率可以用方差表示，如式（3.12）所示：

$$e_{\text{rms}}^2 = \int_{-q/2}^{q/3} \left(\frac{e_q^2}{q} \right) \mathrm{d}e = \frac{q^2}{12} \tag{3.12}$$

量化后的信号要通过低通滤波器滤除高频成分，在噪声分布为高斯分布时，经过滤波后信号的带内噪声功率为：

$$n_0^2 = \int_0^{f_m} e_{\text{rms}}(f)^2 \mathrm{d}f = e_{\text{rms}}^2 \frac{2f_m}{f_s} = \frac{e_{\text{rms}}^2}{\text{OSR}} \tag{3.13}$$

式中，n_0 是滤波器的输出噪声功率，这表明 n_0 可以用过采样率来表示，并随过采样率的增长而减小。随着过采样率的提高，有用信号的功率并没有受到影响，所以可以利用提高过采样率的方法来减小噪声，这就给提高 SNR 提供了一种有效途径。

综合式（3.11）、式（3.12）、式（3.13），可以得到噪声功率、OSR、A/D 转换器有效位数关系表达式：

$$n_0^2 = \frac{1}{(12\text{OSR})} \left(\frac{V_{\text{ref}}}{2^N} \right)^2 \tag{3.14}$$

式中，OSR 为过采样率，N 为 A/D 转换器的位数，V_{ref} 为 A/D 转换器满幅值电压。

同样，依照式（3.14），在噪声功率为定值时，可将 A/D 转换位数用过采样率和噪声功率 n_0 表示。对式（3.14）求解，可以计算出由 V_{ref} 噪声功率及 OSR 表示

的 A/D 转换有效位数:

$$N = -\frac{1}{2}\log_2(\text{OSR}) - \frac{1}{2}\log_2 n_0^2 + (1/2)\log_2 V_{\text{ref}} \qquad (3.15)$$

由式(3.15)看出,过采样率提高为原来的 2 倍,相应的通带噪声功率下降了 3 dB,同时 ADC 输出值的位数增加了 1/2 位。

在进行 A/D 转换时,输入 ADC 之前首先要进行抗混叠滤波,可以设置抗混叠滤波器的截止频率为 $f_s/2$,只保留输入信号的频带。然后利用过采样原理设置的过采样率,得到采样输出信号,对采样输出信号求均值,将均值作为输出结果。利用有效分辨率与过采样率的关系,可以根据想要得到的输出位数计算过采样频率,即:

$$f_{as} = 4^w f_s \qquad (3.16)$$

式中,f_s 表示输入信号的奈奎斯特采样频率。

使用过采样方法时,因为采样频率的提高,频谱的周期延拓导致有用信号的频谱分量的中心频率相距更远,原始有用信号的频谱只存在于 0 至 f_m 之间,而因为噪声分布为高斯分布,其功率谱密度在整个过程中均匀分布,于是噪声被平均分摊到 0 至 f_m 范围内。当采样结束后,采用对采样数据加权求均值的办法进行处理,相当于对信号进行低通滤波,低通滤波器幅频特性曲线如图 3.3 所示,滤波过程如图 3.4 所示。经过滤波后,保留在有用信号频带内的噪声功率变为原来的 1/OSR,如图 3.5 所示,而有用信号的频谱全部无损地保留下来。

3. 信噪比的计算

信噪比(SNR)的计算公式: $\text{SNR} = \dfrac{p_v}{P_n}$,即信号的功率与噪声功率之比。通常以分贝(dB)的形式表示。由于量化噪声的不可消除性,以及其他噪声的不可控性,一般计算信噪比时都是依据量化噪声计算的。如果 ADC 的输出位数越多,量化步长越小,相应的量化误差也越小,进而量化噪声也越低,SNR 就越大。前面已分析,运用过采样方法和低通滤波可以有效减小有用信号频带内的噪声功率,从而增加输出信号的信噪比。有效位数与信噪比是对应关系,信噪比的提升意味着 ADC 有效位数的提高。有效位数与信噪比对应的表达式为:

$$\text{SNR} = 20\lg(v_1/n_0) = (6.02 \times \text{ENOB}) + 1.76 \qquad (3.17)$$

4. 数字信号处理

对输出信号的均值处理,相当于对信号进行了低通滤波。经过求均值处理的输出信号在信噪比上得到了提升,求均值的采样样本数目越高,低通滤波的效果越好,信噪比的提升也越理想。

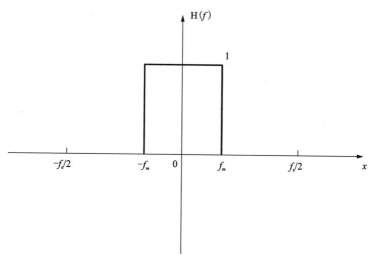

图 3.3　理想的数字 LPF 的幅频特性

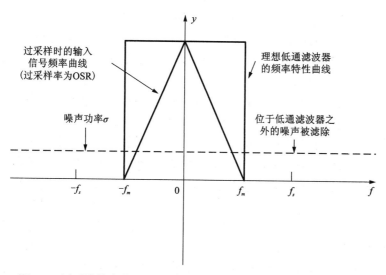

图 3.4　过采样技术信号的频率曲线以及低通滤波器的频率特征曲线

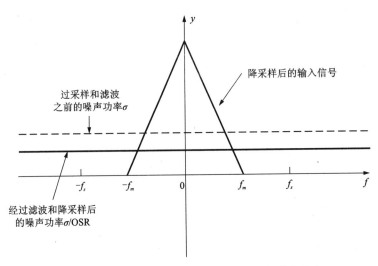

图 3.5　经过滤波和降采样后的输入信号和噪声功率

3.3.2　过采样方法的有效性分析

过采样方法虽然很好地提高了测量信号的分辨率，但它并不一定适用于所有应用场合。本小节将通过讨论来确定过采样的有效准则。

A/D 过程中引入量化误差，相当于引入了噪声，应用过采样和低通滤波（均值法）可以减小其中的噪声，从而提高信噪比和有效分辨率。想要确定何种类型的 ADC 能在使用过采样方法中获益，必须确定系统中的噪声类型和其分布特性。

如果输入信号是完全随机的，幅值分布也随机变化，那么在量化过程中，每一抽样时刻量化为相邻两个量化电平的概率均等，这时就可以将量化噪声当作高斯白噪声处理。高斯白噪声特性可以用高斯分布进行分析，高斯分布的信号在整个频带内有一致的功率谱密度。只有在 ADC 量化后，产生的量化误差近似为高斯分布的情况下，采用过采样方法以及求均值的方法才能有效地提高 ADC 的分辨率。

图 3.6 所示为在一个信号经过 ADC 量化后，离散样本每个量化电平的样本个数。如果量化误差满足高斯分布，则总体噪声分布即满足一个高斯概率分布函数。因为这个系统中的噪声近似为高斯分布，所以近似认为其为白噪声，该系统可以通过进行过采样以及求均值的方法来提高 ADC 的性能[51]。

但如果信号分布是有特定序列的，则量化误差就不是随机值，不满足量化误差高斯分布的特点，这样的 ADC 系统中，运用过采样方法可能不会有效果。而如果其他噪声源的大小与量化噪声相当，此时的噪声也不能视为高斯白噪声，过采

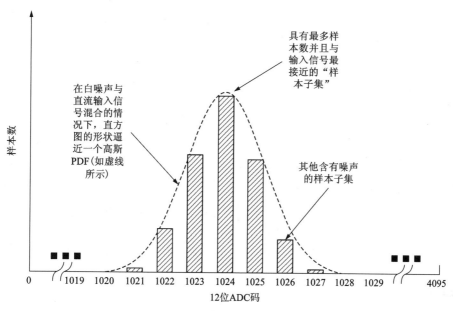

图 3.6　ADC 样本的直方图

（混有白噪声的直流输入）

样同样失效。如图 3.7 所示，直方图中的样本朝着某一个"样本子集"集中，则直方图不能逼近一个高斯 PDF，那么过采样技术可能不会有效果。

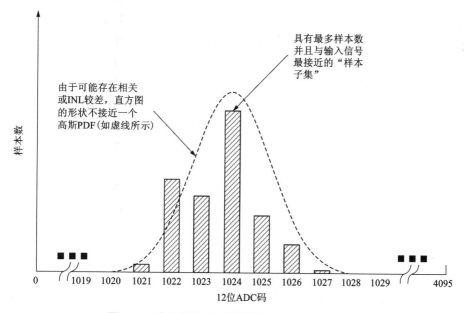

图 3.7　对过采样而言非最佳情况的 ADC 直方图

3.4 基于 FFT 长度有效的 OFDM 信号的实验研究

3.4.1 FFT 长度有效性原理

图 3.8(a) 和图 3.8(b) 分别显示了传统的 OFDM 和 FFT 长度有效的 OFDM 的详细的数字信号处理过程。如图 3.8(a) 所示，在发送端，首先产生伪随机数，然后，依次进行 QAM 映射、预均衡、2 倍 N 的复数值的 IFFT 操作。此时，时域复数值可表示为：

$$x(n) = \mathbf{F}^{-1}[X(k)] = x_R(n) + \mathrm{j}x_I(n), \quad n, k \in [0, N-1] \tag{3.18}$$

式中，$X(k)$ 为第 k 个 QAM 映射符号；$\mathbf{F}^{-1}[\ \cdot\ ]$ 为 N 倍快速反傅立叶变换操作；$x_R(n)$ 和 $x_I(n)$ 分别为复数值 $x(n)$ 的实部和虚部；在增加长度为 L 的循环前辍（CP）后，复数值可表示为：

$$x_{\mathrm{CP}}(n) = x_{\mathrm{CP}, R}(n) + \mathrm{j}x_{\mathrm{CP}, I}(n) \quad n \in [0, N+L-1] \tag{3.19}$$

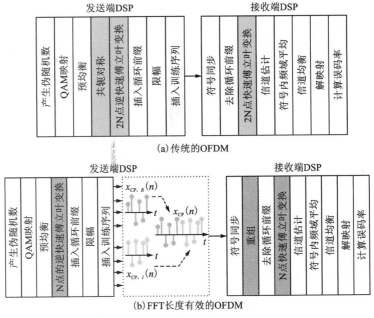

图 3.8 详细的数字信号处理过程

(a) 传统的 OFDM；(b) FFT 长度有效的 OFDM

在发送端，复数值的长度为 N+L，首先传输复数的实部 $x_{\mathrm{CP}, R}(n)$，接着传输复数的虚部 $x_{\mathrm{CP}, I}(n)$。因此，FFT 长度有效的 OFDM 符号的实数值可表示为：

$$x_e(l) = \begin{cases} x_{\mathrm{CP},R}(l), & l \in [0, N+L-1] \\ x_{\mathrm{CP},I}(l-N-L), & l \in [N+L, 2N+2L-1] \end{cases} \quad (3.20)$$

经过 SSMF 传输后，接收到的信号能够表示为：

$$y(l) = x_e(l) * h + m(l), \quad l \in [0, 2N+2L-1] \quad (3.21)$$

式中，h 为信道响应脉冲，$m(l)$ 为噪声序列，$*$ 为卷积运算。在接收端，接收到的符号经过定时同步后，重组成复数，可表示为：

$$\hat{y}(d) = y(d) + \mathrm{j}y(d+N+L)$$
$$= [x_{CP,R}(d) * h + m(d)] + \mathrm{j}[x_{CP,I}(d+N+L) * h + m(d+N+L)]$$
$$= [x_{CP,R}(d) + \mathrm{j}x_{CP,I}(d+N+L)] * h + \hat{m}(d), \quad d \in [0, N+L-1] \quad (3.22)$$

紧接着，在 OFDM 符号中去除 L 个点的循环前缀，可表示为：

$$\hat{y}(n) = [x_R(n) + \mathrm{j}x_I(n)] * h + \hat{m}(n), \quad d \in [0, N-1] \quad (3.23)$$

然后，进行 N 个点的快速傅立叶变换操作，接收到的频域符号可表示为：

$$Y(k) = F[\hat{y}(n)] = X(k)H(k) + \hat{M}(k), \quad n, k \in [0, N-1] \quad (3.24)$$

式中，$F[\cdot]$ 为 N 个点快速傅立叶操作，$H(k)$ 为频域响应，$\hat{M}(k)$ 为频域噪声。从式(3.22)可以得出，与传统的基于共轭对称的直接检测光 OFDM 相比，FFT 长度有效的直接检测光 OFDM 算法，有着类似的频域响应形式。因此，在传统 OFDM 中使用的简单的单抽头信道均衡算法也被应用于 FFT 长度有效的 OFDM 系统中。接收到的数字信号处理算法包括基于训练序列的时钟同步、符号重组成复数(仅适用于 FFT 长度有效的 OFDM 算法)、去循环前缀、$2N$ 倍或 N 倍快速傅立叶变换、基于训练序列结合频域均衡的信道估计、单抽头的信道均衡，以及 4096 QAM 的解映像。

此外，用来计算 FFT 长度有效 OFDM 信号和传统的直接检测光 OFDM 信号的公式为：

$$\mathrm{BW} = \frac{N_{\mathrm{DSC}}}{\frac{1}{K} \times N_{\mathrm{SC}}} \times \frac{R_s}{2} \quad (3.25)$$

式中，N_{SC} 和 N_{DSC} 分别为数据子载波数和子载波数，R_s 为 OFDM 符号的采样率。K 为常数，$K=1$ 和 $K=2$ 分别表示传统的直接检测光 OFDM 和 FFT 长度有效的 OFDM 系统。净数据率可以表示为：

$$R_N = \frac{\frac{1}{K}(N_{\mathrm{DSC}} \times \log_2 M \times N_s) \times R_s}{[N_{\mathrm{TS}} + (N_{\mathrm{CP}} + N_{\mathrm{SC}}) \times N_s]} \times \frac{1}{(1+\mathrm{OH})} \quad (3.26)$$

式中，M 表示 QAM 符号的调制阶数，N_s 表示一个 OFDM 帧的 OFDM 符号数，N_{TS} 表示训练序列中的长度，N_{CP} 表示循环前缀的长度，OH 表示 FEC 开销。

3.4.2　实验装置

图 3.9 所示为实验装置图。在发送端，数字信号处理过程包括伪随机数的产生、4096 QAM 映射、预均衡、共轭对称(仅在直接检测光 OFDM 中用到)、2N 或 N 倍的 IFFT 操作、增加循环前缀、数字限幅并将限幅率设为 13.2 dB，以及插入训练序列。产生的数字 OFDM 信号经过 4 倍时域过采样，导入到 AWG(tektronix AWG7122C)中，该 AWG 具有 10 比特分辨率的数模转换，并且在此实验中，采样率设置为 10 GS/s。转换后的基带 OFDM 信号，首先通过一个 4 GHz 的电放大器，其峰值由 220 mV 提升到 1.8Vpp，然后使用一个驱动 10 Gb/s 的分布式反馈激光器(DFB)的直接检测调制器(NEL NTT NLK1551SSC)，其 3 dB 带宽为 20 GHz，参数 α 为 2.7，线宽为 25 MHz。从直接调制器产生的功率为 3.1 dBm 的双边带光 OFDM 信号被直接耦合到 10 km 的标准单模光纤中传输。

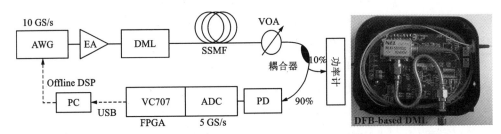

图 3.9　基于直接调制和标准单模光纤的 DDO-OFDM 传输系统的实验装置图

(插图：使用基于分布式反馈激光器的直接调制激光器)

在接收端，采用可变光衰减器(VOA)，用于控制所接收的光功率(ROP)。并使用一个 9:1 的耦合器将光信号分成两部分：一部分为接收信号功率的 10%，用来估算接收到的光功率；另一部分为接收信号功率的 90%，被发送到一个 10 GHz 的光电探测器(PD)实现光电(O/E)转换。在实验中，当传输 10 Gb/s 的不归零数据时，使用的 PD 输入的接收端光功率为-18 dBm，对应的误码率为 1×10^{-10}。直接检测到的信号由一块型号为 VC707，具有 5-GS/s、10 比特分辨率模数转换的 FPGA 评估板捕获。模数转换板的有效比特数是 7.88 @ 160 MHz、6.98 @ 1.2 GHz，以及 6.46 @ 2.2 GHz。随后，捕获到的信号被上传到个人计算机(PC)，以便在 MATLAB 中进行下一步的离线数字信号处理。这两种类型的 OFDM 信号的一些关键参数如表 3.1 所示。

根据表 3.1，在传统的 OFDM 中，快速傅立叶变换的长度是 2048，循环前缀的长度是 32，800 个数据子载波的位置是 39 ~ 841，除去 128、256、512 三个位置。128、256、512 这三个位置由于模数转换时钟噪声而被设为 0。直流子载波、

38 个低频子载波、182 个高频子载波和奈奎斯特子载波被设置为 0。1023 个负频子载波是相应的正频子载波的复数共轭,以便生成一个实数值的信号。此外,传统的 OFDM 帧中包含 2080 个点的训练序列和 80 个数据子载波的 OFDM 符号。

表 3.1 两种 OFDM 方案的关键参数

参数	传统的 OFDM	FFT 长度有效的 OFDM
QAM 调制阶数(M)	4096	4096
快速反傅立叶变换/ 快速傅立叶变换长度 (NSC)	2048	1024
cyclic prefix length (NCP)	32	16
数据子载波数 (NDSC)	800	800
每一个 OFDM 帧的训练序列数	1	1
训练序列的长度 (NTS)	2080	1040
每一帧的 OFDM 符号数 (NS)	80	80
数模转换/模数转换采样率	10 GS/s / 5 GS/s	
数模转换/模数转换比特分辨率	10 bit/10 bit	
发送端/接收端过采样因子	~4/ ~2	
OFDM 采样率 (RS)	2.5GS/s	2.5GS/s
OFDM 符号中 CP 的持续时间	832 ns	
净数据速率(RND)	9.5Gb/s	9.5Gb/s

在 FFT 长度有效的 OFDM 中,快速傅立叶变换的长度是 1024,这 1024 个子载波中,包含 800 个数据子载波。其位置是:-421 ~ -19、19 ~ 421,除去 64、128、256、-256、-128、-64,并且使用 4096 QAM 的调制方式。其中,64、128、256、-256、-128、-64 这 6 个子载波由于模数转换而被置为 0。根据式(3.23)和式(3.24),传统的 OFDM 信号和 FFT 长度有效的 OFDM 信号的带宽大约是 1 GHz。除去循环前缀、训练序列和 20% 的前向纠错开销后,由公式(3.26)可知,净数据率是 9.5 Gb/s。因此,FFT 长度有效的 OFDM 信号与传统的 OFDM 信号的频谱效率都是 9.5 bit/(s·Hz)。值得一提的是,产生 9.5 Gb/s 的 OFDM 信号的带宽接近 1 GHz,这比电放大器的带宽 4 GHz 小得多。然而,由于使用大尺寸的快速反傅立叶变换/快速傅立叶变换,OFDM 信号的频谱具有较小的带外功率。如果使用 1 GHz 可用信道带宽,4096 QAM OFDM 信号能达到 9.5 Gb/s 的传输速率。

为了使 FFT 长度有效的 4096 QAM 的 OFDM 信号的误码性能更好，本书使用大尺寸、1024 点的快速反傅立叶变换/快速傅立叶变换来抵抗电和光设备的有效带宽引起的符号间干扰，并根据信道响应获得最优的符号内频域平均窗口值。此外，采用时域过采样来提高由数模转换产生和由模数转换捕获到的 OFDM 信号引起的信噪比。

3.4.3 实验结果和讨论

在传输 10 km 标准单模光纤后，无预均衡和有预均衡的 FFT 长度有效的 OFDM 信号的功率谱图分别如图 3.10(a) 和图 3.10(b) 所示。结果显示，由于模数转换时钟噪声，每个频谱的峰峰值为 1.25 GHz。

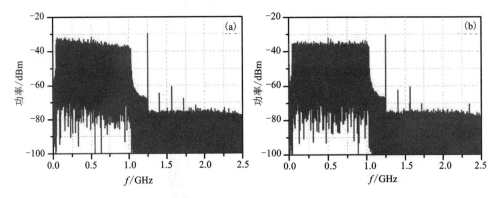

图 3.10 FFT 长度有效的 OFDM 信号的功率谱图

(a)无预均衡；(b)有预均衡

在电背靠背和 10 km 标准单模光纤传输后，每个子载波所对应的 EVM 曲线图分别如图 3.11(a) 和图 3.11(b) 所示。在电背靠背情况下，通过在高频子载波部分使用预均衡，使 EVM 的性能有所提高，然而，低频子载波部分的 EVM 性能比较差，主要是由使用的 AWG 所引起的。在 10 km 标准单模光纤传输后，低频子载波部分的 EVM 性能有所下降，这主要是由于混频干扰的性噪比引起的。此外，电背靠背和 10 km 标准单模光纤传输后，所对应的 4096 QAM 星座图如图 3.11(c) 和图 3.11(d) 所示，图 3.11(c) 中所对应的 EVM 为-38.6 dB，误码率为 3.5×10^{-3}。图 3.11(d) 所对应的 EVM 为-37.2，误码率为 8.1×10^{-3}。这表明由电光转换、光纤色散、光电转换引起的 EVM 衰减值是 1.4 dB。

当接收光功率为-1 dBm 时，传输 10 km 标准单模光纤之前与之后的光谱图 (0.01 nm 分辨率)分别如图 3.12(a) 和图 3.12(b) 所示。光背靠背(OBTB)和短距离标准单模光纤传输后的光谱图非常相似。在 10 km 标准单模光纤传输后，离

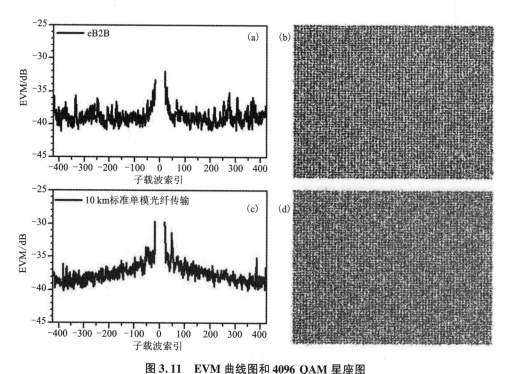

图 3.11　EVM 曲线图和 4096 QAM 星座图

(a)电背靠背条件下各个子载波对应的 EVM 曲线图; (b)电背靠背条件下 4096 QAM 对应的星座图;

(c)传输 10 km 标准单模光纤后各个子载波对应的 EVM 曲线图;

(d)传输 10 km 标准单模光纤后 4096 QAM 对应的星座图

线处理后随接收光功率变化而显示的误码率性能图如图 3.12(c)所示。结果表明,当误码率等于软判决向前纠错门限值 2.4×10^{-2} 时,在有预均衡及符号内频谱平均的情况下,接收端灵敏度提高了 1 dB。实验结果显示,FFT 长度有效的 OFDM 与传统的 OFDM 有相似的误码性能。

　　为了使 FFT 长度有效的 4096 QAM OFDM 信号在采用 10G 直接调制激光器的情况下达到 100 Gb/s 的传输速率,除了数模转换和模数转换的有效位数必须达到要求外,传输带宽还受到光纤色散的影响。接收到的 OFDM 子载波的功率与 $(1+\alpha^2)\cos[\pi\lambda^2 DLf^2/c + \arctan(\alpha)]$ 成正比。其中 α 为激光啁啾参数,λ 为工作的波长,D 为光纤的色散系数,L 为光纤长度,f 为接收到的信号频率,c 为光速 3×10^8 m/s。因此,系统中 3 dB 带宽由 $(1+\alpha^2)\cos^2[\pi\lambda^2 DLf_{3\,dB}^2/c + \arctan(\alpha)]$ 决定,f_{null} 表示频域响应为空值,由等式 $\pi\lambda^2 DLf_{null}^2/c + \arctan(\alpha) = \pi/2$ 决定。在本书的实验中,$\alpha = 2.7$,$\lambda = 1559.71$ nm,$D = 17$ ps/(nm·kn),$L = 10$ km,因此 $f_{3\,dB}$ 和 f_{null} 分别为 4.96 GHz 和 9.05 GHz。如果使用色散系数为 4 ps/(nm·km)的大有

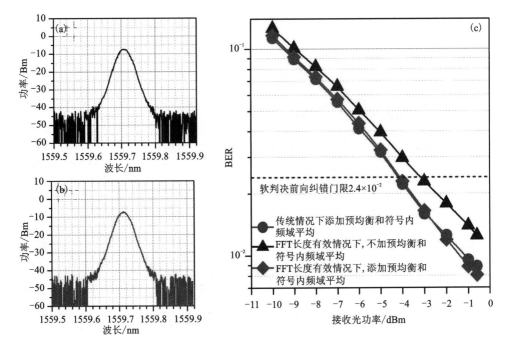

图 3.12   光谱图及误码率性能图

(a)光背靠背的光谱图;(b)10 km 标准单模光纤传输后的光谱图;
(c)随接收光功率变化的误码率性能曲线图

效面积光纤代替标准单模光纤,则 $f_{3\text{ dB}}$ 和 f_{null} 分别增长至 10.23 GHz 和 18.66 GHz。通过使用这种方式,能够满足 4096 QAM OFDM 信号传输 10 km 标准单模光纤,达到 100 Gb/s 的传输速率的带宽需求。

3.4.4   仿真设置和结果分析

为了评估100G 4096 QAM FFT/IFFT 长度有效的 OFDM 信号的传输性能,本书进行了数字仿真,而且仿真设置与实验设置类似,如图 3.13 所示。在仿真中,OFDM 参数以及离线数字信号处理算法与实验中的一致。其他参数如表 3.2 所示。除去训练序列和循环前缀的开销,FFT 长度有效的 OFDM 信号的数据率为 114 Gb/s{(800×12×80)/[2×81×1040/(100/4)]≈114.0 Gb/s}。除去训练序列、循环前缀和7%的硬判决向前纠错门限开销(或 20%的软判决向前纠错门限开销),FFT 长度有效 OFDM 的净数据率为 106.5 Gb/s(或 95 Gb/s)。在仿真中,10 比特分辨率的数模转换和 8 比特分辨率的模数转换,其采样率为 25 GS/s,而且没有过采样。本书仿真了转换后的 OFDM 信号数模转换的滚降效应。转换后的信号的高频图像被一个 13 GHz 的低通滤波器(LPF)过滤,以及一个电衰减器衰减。80 mA 的偏置电流和衰减信号组合驱动一个 10 GHz 的直接调制激光器。与实验中使用的直接调制激光器一样,直接调制激光器的参数 α 被设置为 2.7,以便来研究 100G 4096 QAM OFDM 信号的传输性能的影响,激光器的线宽选择为 0 ~ 40 MHz。强度调制 OFDM 信号被衰减到 6 dBm,并且耦合到标准单模光纤跨度方向。在接收端,使用一个光衰减器来调节接收光功率,并将其固定在 2.6 dBm,然后再由一个 PD 进行光电检测。PD 的输出信号直流分量被一个直流块移除。最后,由模数转换捕获到的信号用离线数字信号处理方法进行处理。

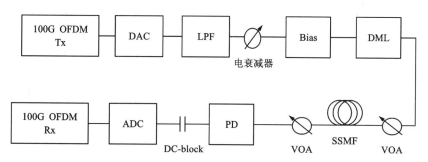

图 3.13　100G FFT 长度有效的 4096 QAM OFDM 系统的仿真装置图

表 3.2　仿真中 OFDM 参数

参数	值
DAC/ADC 采样率	25/25 GS/s
DAC/ADC 分辨率	10/8 bits
低通滤波器的类型	巴特沃思
低通滤波器截止频率 (3 dB)	13 GHz
低通滤波器的阶数	8
偏置电流	80 mA
激光器波长	1550 nm
激光器阈值电流	10 mA
激光器斜率效率	0.25 W/A
激光器相对强度噪声	−155 dB/Hz
激光器 α 参数	2.7

续表 3.2

参数	值
标准单模光纤衰减系数	0.2 dB/km
标准单模光纤色散	17 ps/(nm·km)
标准单模光纤色散斜率	0.075 ps/(nm² · km)
标准单模光纤微分群延迟	0.2 ps/km
光电二极管引脚响应	1 A/W
光电二极管暗电流	10 nA
光电二极管的热噪声	$1×10^{-22}$ W/Hz
接收光功率	2.6 dBm

图 3.14(a)和图 3.14(b)所示分别为 25 GS/s FFT 长度有效的 OFDM 信号在不同的光纤长度，以及不同的激光线宽下的误码率和 EVM 性能图。随着光纤长度的增加，功率衰减和强度噪声也随之增加，相应的误码率和 EVM 性能下降。众所周知，在强度调制直接检测系统中，由于光纤色散的存在，激光相位噪声能够被转化为强度噪声。随着光纤色散的增加，光接收机的转换噪声功率将迅速增加。因此，对于宽带高电平 QAM 编码 OFDM 来说，激光器的线宽是另一个关键因素。结果表明，当线宽小于 1 MHz 时，FFT 长度有效的 4096 QAM OFDM 信号能传输 4.5 km，净数据率达到 95 Gb/s；在传输距离减小到 2.5 km 时，净数据率将达到 106.5 Gb/s。在这两种情况下，误码率都低于硬判决前向纠错门限 $3.8×10^{-3}$。当 100G 4096 QAM OFDM 信号经过 2 km 标准单模光纤传输后，为了使误码率低于软判决前向纠错门限 $2.4×10^{-2}$，直接调制激光器的线宽必须低于 30 MHz。

为了验证有限的信道带宽在 100G OFDM 信号传输性能上的影响，本书采用带宽接近 100G 4096 QAM OFDM 信号的理想矩形低通滤波器来代替 13 GHz 的巴特沃斯低通滤波器。当直接调制激光器的线宽是 1 MHz 时，100G 4096 QAM FFT/IFFT 长度有效的 OFDM 信号在 2 km 标准单模光纤传输后，误码率为 $2.9×10^{-3}$。因此，所要求的信道带宽接近于传输的 OFDM 信号。

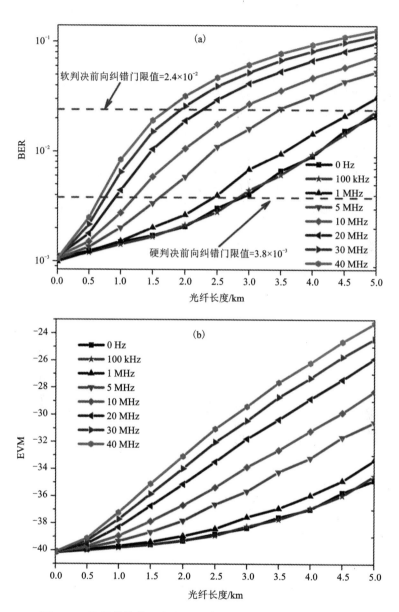

图 3.14　不同的传输距离和不同的线宽下的误码率和 EVM 值

(a)误码率；(b)EVM 值

3.5　小结

本章首次实验性地演示了在强度调制直接检测系统中，传输了频谱效率高达 9.5 bit/(s·Hz) 的 4096 QAM OFDM 信号。同时，比较了传统的 OFDM 信号与 FFT 长度有效的 OFDM 信号的误码率性能。通过预均衡和符号内频域平均信道估计算法来提高误码性能。实验结果显示，FFT 长度有效的 4096 QAM OFDM 信号与传统的 OFDM 信号有相似的误码性能，并且在忽略功率损失的情况下，这两种信号都能成功地在标准单模光纤上传输 10 km，误码率低于 20% 的软判决前向纠错门限 2.4×10^{-2}。在数字仿真中，成功地演示了使用 10G 类光学组件，100G 4096 QAM OFDM 信号在标准单模光纤中能够传输 2 km。在 2 km 标准单模光纤传输中，当直接调制激光器($\alpha=2.7$)的线宽小于 20 MHz 时，测试到的误码率低于 20% 的软判决前向纠错门限 2.4×10^{-2}，当线宽小于 1 MHz 时，测试到的误码率低于 7% 的硬判决前向纠错门限 3.8×10^{-3}。

第 4 章 基于自适应 DFT 扩频方案的 OFDM 算法的研究

4.1 引言

第 3 章对基于 FFT 长度有度的 OFDM 算法进行了实验研究,该算法能减少硬件开销,节省 FFT 长度,提高 OFDM 信号的频谱效率。本章在 FFT 长度有效 OFDM 算法的基础上,进一步使用 DFT 扩频算法和自适应算法来提高系统的频谱效率,并在 LD 可见光系统中进行了实验验证。

4.2 基于 DFT 扩频方案的 OFDM 算法的研究

近年来,可见光通信技术因其低成本、高安全性以及无频谱许可证问题而越来越引人关注。在可见光系统中,发光二极管是流行的光源。然而,由于发光二极管的带宽不足,数据率常常有限。激光二极管(LD)由于其高频谱效率,特别是它的高功率应用而被作为一种备用源。此外,激光可见光通信由于安装成本低,安装方便的特点已引起越来越多的关注。然而,激光可见光系统的连接距离受限,且不能满足大容量的需求。单模光纤在为小区、建筑物或家庭提供带宽综合业务时起着重要作用。然而,在部署室内网络时,单模光纤在安装成本及安装是否便利方面仍是重大挑战,但是激光可见光通信可以解决这个问题。因此,在室内和室外通信共存的情况下,光纤和激光可见光融合的需求越来越大[145]。

为了抵抗码间串扰,提高频谱效率,OFDM 调制方式在光纤以及可见光通信系统中具有很大的吸引力。与此同时,在强度调制直接检测 OFDM 系统中,通过对输入信号进行共轭对称来产生传统的实数信号,从而造成 IFFT 长度的不充分利用。为了降低 IFFT/FFT 的数值,Fatima Barrami 等提出了 IFFT/FFT 长度有效的技术来产生实数 OFDM 信号,且不需要共轭[146]。这种方法能降低功耗以及占用的硬件面积。在光纤激光可见光融合系统中,OFDM 的高峰均值功率比是固有的缺陷,从而导致了非线性噪声。因此,为了延长信号在光纤和自由空间中的传输距离,应该降低 OFDM 的峰均值功率比。DFT 扩频技术是一种降低 OFDM 的峰均功率比,提高误码率性能的有效方式。此外,为了进行准确的信道估计,研究人员常常采用符号内频域平均的方法。

本书用实验演示了 FFT/IFFT 长度有效的 DFT 扩频 OFDM 信号在光纤可见光融合系统中的传输，并对 FFT/IFFT 长度有效的 DFT 以及传统的 DFT 扩频方式的 OFDM 信号进行了对比。实验结果显示，在 20 km 标准单模光纤和 5 m 激光可见光传输中，16 QAM 和 64QAM 的 DFT 扩频 FFT 长度有效的 OFDM 信号的误码率分别小于 10^{-5} 和 10^{-2}。

4.2.1 系统模型和实验装置

图 4.1 所示为 FFT/IFFT 长度有效的 OFDM 信号在光纤激光可见光融合系统中的传输过程。传统的 OFDM 系统产生信号时，在频域中使用共轭，从而获得实数信号。在本书的工作中，不使用共轭产生复数 OFDM 信号，而是在时域中将实部和虚部分开，从而节省了一半的 IFFT/FFT 长度。考虑到 OFDM 系统因为大峰均功率比的缺点，会导致传输信号非线性失真的问题，本书采用 DFT 扩频方式来提高系统性能。在离线信号处理框图的发送端，首先，产生伪随机数，并进行 16QAM(或 64QAM)的符号映射。接着，进行 DFT 扩频操作来降低 OFDM 信号的峰均功率比。随后，使用 1024 个点的快速反傅立叶变换。在每个 OFDM 符号的起始部分加入循环前缀来抵抗码间串扰，并且使用限幅率为 13.2 dB 的数字限幅来进一步降低峰均功率比。在每个 OFDM 帧的开始，插入一个训练序列来进行接收端的同步定时与信道估计。最后，复数 OFDM 信号被分成实部和虚部，并且在时域中进行约 4 倍的过采样。

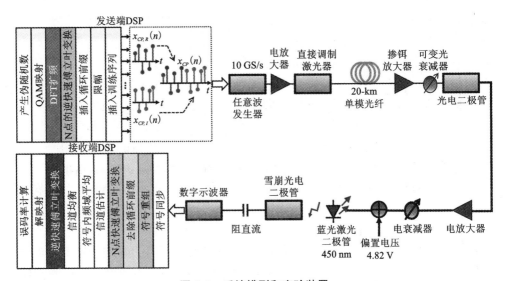

图 4.1 系统模型和实验装置

4.2.2　实验结果和讨论

　　IFFT 长度有效的 OFDM 信号由 MATLAB 离线产生，并导入到 AWG 中，AWG 中有 10 比特的数模转换器，采样率为 10 GS/s。OFDM 信号的峰值电压是 220 mV，被一个电放大器放大后，用来驱动一个 10 Gbps 分布式反馈的直接调制激光器。光信号进行背靠背测量或 20 km 标准单模光纤测量后，被送入到掺铒放大器中，通过使用可变光衰减器改变光信号的功率大小。随后，光信号由一个 10 GHz 的光电二极管转换成电信号，并先后经过电放大器进行放大和经过电衰减器进行衰减。衰减后的信号进入 450 nm 的蓝色激光二极管，其中，激光二极管的偏置电压设为 4.82 V。经过 5 m 的自由空间传输后，接收到的可见光信号由一个雪崩光电二极管（APD）进行检测。在实验中，先后使用阻直流器件来去除直流分量，使用 8 GHz 的数字示波器进行观察与存储，数字示波器中数模转换器件的分辨率为 8 比特，采样率为 20 GS/s。图 4.2（a）和图 4.2（b）所示分别为当接收光功率（ROP）为 0 dBm 时，在 20 km 标准单模光纤和 5 m 自由空间的激光可见光传输后，接收到的 FFT/IFFT 长度有效的 OFDM 信号与传统的 OFDM 信号所对应的电谱图。结果表明，这两种 OFDM 信号有相似的频谱形状。此外，可以看到，有一些峰值分量超过 1 GHz，这主要是由于数模转换和模数转换的采样时钟噪声引起的。

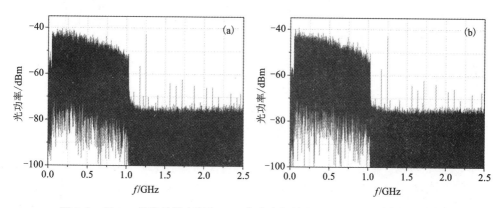

图 4.2　20 km 标准单模光纤和 5 m 自由空间的激光可见光传输中的电谱图

（a）FFT/IFFT 长度有效的 DFT 扩频 OFDM 信号；（b）传统的 DFT 扩频 OFDM 信号

　　图 4.3 显示了在 20 km 标准单模光纤和 5 m 自由空间传输后，使用扩频和符号内频域平均的 IFFT/FFT 长度有效的 16QAM OFDM 信号的星座图、使用扩频和符号内频域平均的传统的 16 QAM OFDM 信号的星座图，以及不使用扩频和符号内频域平均的 IFFT/FFT 长度有效的 OFDM 的星座图。结果显示，在使用 DFT 扩

频以及使用符号内频域平均的情况下，IFFT/FFT 长度有效的 16 QAM OFDM 信号的性能与传统的 16 QAM OFDM 信号的性能相似。并且，在 IFFT/FFT 长度有效的 16 QAM OFDM 信号中，使用 DFT 扩频及符号内频域平均方式，比不使用 DFT 扩频以及符号内频域平均方式的性能要好。

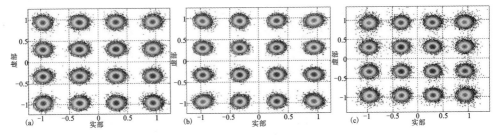

图 4.3   16-QAM 的星座图

(a) 使用 DFT 扩频和符号内频域平均的 FFT/IFFT 长度有效的 OFDM 信号，误码率为 3.9×10^{-6}；(b) 使用 DFT 扩频和符号内频域平均的传统的 OFDM 信号，误码率为 0；(c) 不使用 DFT 扩频，不使用符号内频域平均的 FFT/IFFT 长度有效的 OFDM 信号，误码率为 1.4×10^{-4}

图 4.4 显示了在 20 km 标准单模光纤和 5 m 自由空间传输后，采用不同的方案，通过离线所测得的误码率性能。结果显示 FFT/IFFT 长度有效的 OFDM(C) 与传统的实数 OFDM(R) 有相似的误码率性能。并且使用 DFT 扩频和符号内频域平均方式后，OFDM 信号的误码率更低。当接收光功率为 0 dBm 时，使用 DFT 扩频及频域内平均方案的 FFT/IFFT 长度有效方案时，16 QAM OFDM 信号的误码率低于 10^{-5}，即低于 7% 的硬判决前向纠错门限 3.8×10^{-3}，64 QAM OFDM 信号的误码率低于 10^{-2}，即低于 20% 的软判决前向纠错门限 2.4×10^{-2}。

4.3   自适应 128/64QAM DFT 扩频方法的研究

自适应技术，通常可以分为自适应比特分配与自适应功率分配两种方式。在本书中使用自适应比特分配方式。自适应比特分配技术是指一种可以高效地利用频谱的技术，该技术由于可以动态地调整信号与信道传输中的某些参数，因此它具有提升系统的容量以及提高频谱利用效率的优势。在 OFDM 系统中，通常通过使用自适应技术，及时地根据信道的衰落情况，对子载波上需要传送的发送功率以及二进制比特数目进行自适应的调节，从而优化系统的性能。

在 OFDM 系统中，针对信道中的参数设置具有多样性，既能够只设置一种参数，也能够对几个参数进行联合调节，从而使信道容量更为优化。在实现的过程中，自适应技术将增加系统的计算量与实现的复杂度，所以当采用自适应技术

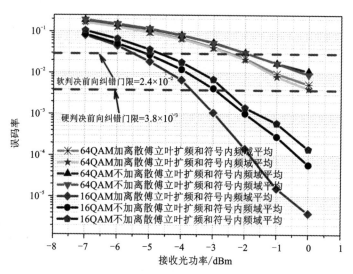

图 4.4　随接收光功率变化的误码率曲线图

时，如何优化系统的性能，同时减少算法的复杂度，是需要考虑的问题。本章提出并实验演示了在基于蓝光的激光可见光系统中，IFFT/FFT 长度有效的 OFDM、DFT 扩频，以及自适应调制相结合的技术。提出的 OFDM 信号，经过 5 m 的自由空间传输后，能达到 4.96 Gb/s 的净比特率，误码率能在 20% 的软判决前向纠错门限值（SD-FEC）范围 2.4×10^{-2} 以内。在提出的激光可见光通信系统中，基于训练序列（TS）信道估计算法中使用符号内频域平均的方法，抑制来自 EDFA 的放大自发辐射（ASE）噪声和抑制来自光电二极管（PD）的热噪声；采用 DFT 扩频技术，能降低非线性损伤引入的高峰值平均功率比；采用比特自适应的方案，能最大限度地提高激光可见光通信系统的传输容量。

4.3.1　系统模型

图 4.5 所示为自适应 IFFT/FFT 长度有效的 DFT 扩频 OFDM 系统的发送端，系统中混合了 DFT 扩频 OFDM 技术、自适应技术以及 IFFT/FFT 长度有效的方案。首先，根据每个子载波上估计的信噪比，不同的映像方式应用在不同的子载波上。接着，将同一映射方案的子载波放入 DFT 模块中，实现 DFT 扩频操作。从 DFT 模块输出的数据，被分配到不同的子信道进行 OFDM 调制后再进行 IFFT 操作。在实验中，用于 DFT 扩频操作的 FFT 的长度以及 OFDM 调制的 IFFT 的长度都为 1024。表 4.1 显示了自适应调制方式和子载波分配策略。

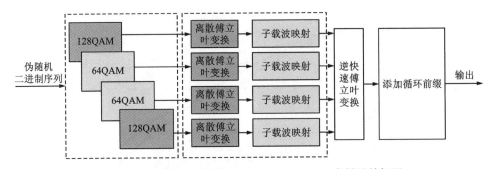

图 4.5　自适应 DFT 扩频 128/64QAM OFDM 发射端的框图

表 4.1　自适应调制和子载波分配策略

子载波分配序列号	子载波索引	数据子载波数	调制方式
1	20～64, 66～128, 130～221	200	128QAM
2	222～256, 258～422	200	64QAM
3	604～768, 770～804	200	64QAM
4	805～896, 898～960, 962～1006	200	128QAM

4.3.2　实验装置

　　图 4.6 为实验装置图和提出的激光可见光系统图。如图 4.6(a)所示,在发送端,OFDM 信号由 MATLAB 进行离线数字信号处理产生。离线数字信号处理过程如下:首先,产生伪随机序列数据流,根据表 4.1,完成自适应比特的加载,128/64-QAM 的符号进入独立的 FFT 模块。然后,DFT 扩频数据通过使用 IFFT运算转换到时域。在自由空间传输链路中,插入循环前缀可以抵抗码间串扰。将限幅率设为 13.2 dB 的数字限幅,可以用来降低 OFDM 信号的峰均功率比。在每一个 OFDM 帧之前,加入训练序列。此时,一个 OFDM 帧包括一个训练序列和 20个 OFDM 符号。最后,复数值 OFDM 数据分成实部和虚部,并置在时域中,以获得实数 OFDM 信号。

　　如图 4.6(b)所示,将 OFDM 信号导入 AWG(AWG, Tektronix 7122C)中,使用了 10 比特的分辨率,采样率为 2.5 Gs/s,峰峰值为 1 V。信号经过了电放大器的放大,以及电衰减器的衰减。随后,信号使用 450 nm 的蓝色激光二极管直接实现电光转换。最后,由数字示波器(DSO, Tektronix TDS6804B)捕获从 APD 出来的电信号,并用 Matlab 进行离线处理。

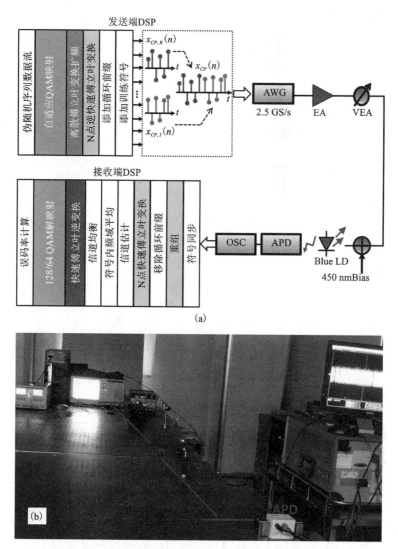

图 4.6　实验装置和提出的激光可见光系统图

(a)实验装置图；(b)提出的自适 IFFT/FFT 长度有效的 DFT 扩频 128QAM-OFDM 激光可见光传输系统图

在接收端，如图 4.6(a)所示，离线数字信号处理包括信号同步、符号重组、去除循环前缀、N 个点的快速傅立叶变换操作、ISFA 信道估计算法、信道均衡、快速傅立叶逆变换、自适应 128QAM/64QAM 解映像，以及误码率计算等。

4.3.3 实验结果和分析

图 4.7 给出了 6 种类型的 OFDM 信号以 PAPR 为变化范围的 CCDF 曲线图。从图中可得知，64QAM 与 128QAM 的 IFFT/FFT 长度有效的 DFT 扩频 OFDM 的峰均功率比曲线图大致相同，而且 IFFT/FFT 长度有效的 64QAM 与 128QAM IFFT/FFT 长度有效的无 DFT 扩频的 OFDM 信号也具有大致相同的峰均功率比曲线。然而，在 64QAM、128QAM 以及自适应的 64/128QAM 的 OFDM 信号中，有 DFT 扩频的 OFDM 信号比无 DFT 扩频的 OFDM 信号的峰均功率比要高。结果表明，DFT 扩频可以提高激光可见光系统传输中抗非线性效应的能力。

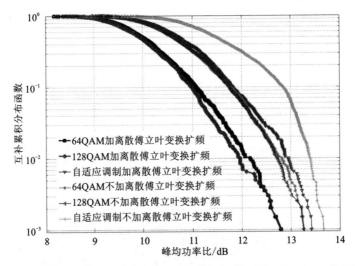

图 4.7 不同类型的 OFDM 信号在不同的峰均功率比下的 CCDF 曲线图

在实验中，通过改变激光二极管的偏置电压，可以获得不同的误码率。当由电衰减器控制的峰峰值在 1.55 V 时，图 4.8 显示了不同的调制技术下误码率与偏置电压的关系。从实验结果得出，当激光二极管对应的偏置电压设为 4.75 V 时，能获得最小的误码率。在相同条件下，基于符号内频域平均的自适应 OFDM 信号中，FFT 长度有效方式与传统的方式有相似的误码率性能。当偏置电压设置在 4.55 V 至 4.95 V 范围时，测量的误码率在 2.4×10^{-2} 以内低于20%的软判决纠错门限范围。同理，如果不使用 DFT 扩频的自适应 OFDM 信号，IFFT/FFT 有效的方式与传统的方式也有相似的误码率性能，并且使用 DFT 扩频的 OFDM 信号的误码率性能优于不使用 DFT 扩频的 OFDM 信号。

当 450 nm 的蓝色激光可见光的输入信号的峰峰值在 1.1 V 至 2.0 V 的范围内时，可以获得不同的误码率，图 4.9 显示了误码率结果。由图 4.9 可知，每个

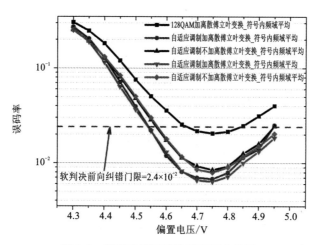

图 4.8　偏置电压对应的误码率曲线图

（C：IFFT/FFT 长度有效的 OFDM；R：传统的 OFDM）

OFDM 信号最优的峰峰值是 1.55 V，并且自适应的 OFDM 信号的误码率低于 20% 的软判决纠错门限范围 2.4×10^{-2}。

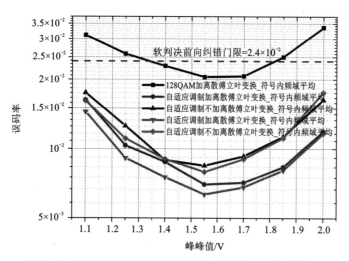

图 4.9　蓝光激光可见光的峰峰值与误码率对应的曲线图

（C：IFFT/FFT 长度有效的 OFDM；R：传统的 OFDM）

IFFT/FFT 长度有效的 OFDM 与实数光 OFDM 系统有相同的误码率性能与峰均功率比。然而，在实际应用中，使用同样数目的数据子载波，IFFT/FFT 长度有效的 OFDM 能降低计算复杂度。表 4.2 中列出了不同的 IFFT/FFT 长度有效的

OFDM 系统的性能。

表 4.2　OFDM 大小有效的 OFDM 系统的性能

方案	调制方式	DFT 扩频	原始比特率/(Gb·s⁻¹)
128 QAM FFT 长度有效方案	128 QAM	无	6.41
64 QAM FFT 长度有效方案	64 QAM	无	5.49
128/64 QAM 自适应 FFT 长度有效方案	128QAM/64QAM	无	5.95
128/64 QAM 自适应 DFT 扩频 FFT 长度有效方案	128QAM/64QAM	有	5.95

当激光二极管的偏置电压设置为 4.75 V，峰峰值变为 1.55 V 时，自适应 IFFT/FFT 长度有效的 DFT 扩频 128/64QAM OFDM 信号的误码率为 6.8×10^{-3}，其相应的星座图显示在图 4.10 中。图 4.11 显示了使用 128QAM 的各子载波部分映射的星座图。

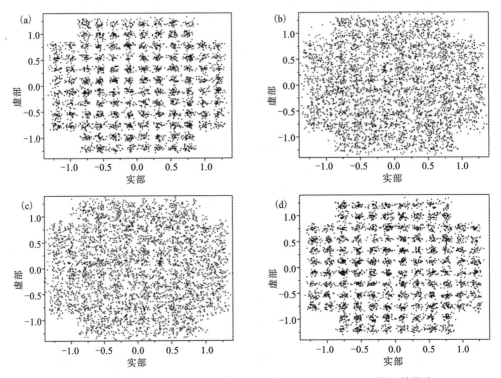

图 4.10　IFFT/FFT 长度有效的 DFT 扩频 128QAM OFDM 调制的星座

各部分子载波均使用 128QAM 调制

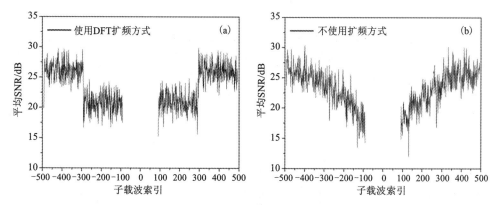

图 4.11　IFFT/FFT 长度有效的自适应 OFDM 下所有数据子载波的平均信噪比

(a)使用 DFT 扩频方式,误码率为 6.8×10^{-3};(b)不使用扩频方式,误码率为 8.5×10^{-3}

在 IFFT/FFT 长度有效的自适应 OFDM 系统中,使用和不使用 DFT 扩频方案,在 5m 激光可见光系统中的传输,所有数据子载波上的平均信噪比,分别如图 4.11(a)和 4.11(b)所示。从图中可知,在激光可见光系统中,使用 DFT 扩频方案,能获得平坦的信噪比。在使用 DFT 扩频的 IFFT/FFT 长度有效的自适应 128/64 QAM OFDM 方案中,原始的频谱效率是 4.76 b/(s·Hz) [(4.96 Gb/s)/(2.5/2 Hz) = 4.76 Gb/(s·Hz)]。除去 20% 的软判决前向纠错(SD−FEC)阈值开销,净数据率是 4.96 Gb/s [5.96/(1+20%) ≈ 4.96 Gb/s]。

通过高 QAM 的调制格式提高传输率,以提高频谱效率。实验结果显示,虽然只使用了 1 GHz 的带宽,但数据率达到了 5.95 Gb/s。

4.4　小结

本章首先提出并实验性地演示了使用 DFT 扩频和符号内频域平均的 FFT/IFFT 长度有效的 OFDM 信号在光纤激光可见光融合系统中的传输。对不同方案进行了调查和比较。结果显示,使用 DFT 扩频和符号内频域平均方案后,FFT/IFFT 长度有效的 OFDM 信号与传统的 OFDM 信号有相似的性能。此外,在光纤激光可见光融合系统中,成功地演示了使用 DFT 扩频方式的 FFT/IFFT 长度有效方案后,传输和接收 3.17 Gbps 的 16 QAM OFDM 信号,以及传输和接收 4.75 Gbps 的 64 QAM OFDM 信号。FFT/IFFT 长度有效的 OFDM 方案可用于减小 IFFT/FFT 的长度,从而降低功耗以及占用的硬件面积。实验结果表明,与传统的 OFDM 相比较,使用 DFT 扩频的 FFT/IFFT 长度有效的 OFDM 更适合在高速的光纤可见光融合系统中传输。本章还提出了基于 450 nm 的蓝色激光可见光下的 IFFT/FFT 长度有效的自适应 DFT 扩频 OFDM 系统。这种方案可用于提高激光可见光系统中的比特率性能。通过与 64QAM 的 DFT 扩频 OFDM 相比较得出，使用自适应方案，能使原始比特率从 5.46 Gbit/s 提高到 5.95 Gbit/s。此外，与 128QAM 的 DFT 扩频 OFDM 方案相比，提出的自适应方案，能使误码率从 2.05×10^{-2} 改善到 6.8×10^{-3}。

第 5 章　基于正交循环矩阵变换预编码和预增强的联合方法研究

5.1　引言

可见光通信(VLC)因其具有免费许可证和增强的物理安全性等优点而成为常规无线通信的替代方案。然而，由于 LED 的调制带宽有限，通常为几兆赫，实现 VLC 系统的高数据速率传输具有一定的挑战性。目前，在可见光通信中，注水算法非常重要。注水算法的基本原理是：当信噪比(即信号功率谱与噪声功率谱之比，SNR)为常数时，系统才能达到总信道容量最大的要求。当 SNR 很大时，P_i 等功率分配，注水算法功效消失。在功率分配的问题中，只有满足注水定理时，才能达到信道容量最大化。也就是说信噪比大的信道分得的功率多，信噪比小的信道分得的功率少，即不同子载波的 SNR 分配的功率和比特不同。此外，学者们还提出了使用多个谐振电路的诸如预失真或后均衡的技术以增加可实现的 3dB 调制带宽，以及采用频谱效率离散多音调制(DMT)技术，如比特和功率加载方案，可用来增加带宽受限的可见光系统容量。然而，基于电路的均衡方案需要精确的信道状态信息(CSI)以确定均衡器电路设计中的参数。注水方案以及自适应比特和功率加载方案虽然具有最佳系统性能，但也需要发射具有端精确的信道响应信息，这意味着需要额外的可靠上行链路。2016 年，香港中文大学 Hong Y 等提出并用实验证明了基于信道独立正交循环矩阵变换(OCT)的 VLC 系统预编码方案。正交循环矩阵及其逆矩阵分别在发送端和接收端用于编码和解码数据。通过使用所提出的方案，以 400 Mb/s 的传输速度传输 1 m 的自由空间时，其误码率达到 3.75×10^{-4}。其误码性能优于常规离散傅立叶变换(DFT)预编码方案，并且与自适应比特和功率加载方案相当。此外，所提出的 OCT 方案降低了实施的复杂程度和成本，具有比注水算法更大的优势，对于实际的 VLC 系统更有利[146]。

而在 DDO-OFDM 系统中，FFT 的复杂度为 $N \times \log_2 N$，而 OCT 的复杂度为 N^2。在光纤通信中，OFDM 信号的高峰值平均功率比(PAPR)可能引起严重的光纤非线性效应，而 OCT 不能降低 PAPR，所以在 DDO-OFDM 的应用中，通常选择 DFT，而不选择 OCT 作为预编码。

为了克服基于可见光的 OFDM 系统的衰落效应，本章提出并通过实验演示了一种基于正交循环矩阵的预编码和预增强联合方案。同时，在本章中，将联合方案与单独的使用正交循环矩阵方案及单独使用预增强方案进行了对比。实验结果显示，与单独使用正交循环矩阵或单独使用预增强方案相比，联合处理方案能有效地增加基于可见光的 OFDM 系统误码性能。

5.2 OCT 和预增强原理

5.2.1 OCT 原理

OCT 预编码通常应用于 QAM 映射与 IFFT 之间。OCT 预编码的操作过程是，QAM 映射符号 $[X_0, X_1, \cdots, X_{N-1}]$ 与正交循环矩阵相乘，计算公式见式(5.1)[146]：

$$F = (1/\sqrt{N}) \times \begin{bmatrix} c_0 & c_1 & \cdots & c_{N-1} \\ c_{N-1} & c_0 & \cdots & c_{N-2} \\ \vdots & \vdots & & \vdots \\ c_1 & c_2 & \cdots & c_0 \end{bmatrix} \tag{5.1}$$

式中，F 中输入的 $c_i(0 \leqslant i \leqslant N-1)$ 是 Zadoff-Chu (ZC)序列中相对应的元素，ZC 序列的长度为 N，子载波索引为 i。由于 ZC 序列具有理想的周期自相关特性，构造的循环矩阵 F 是正交矩阵：$F^* F = I$。其中($\cdot$)* 表示埃尔米特转置。在接收端，FFT 之后，OCT 预编码通过乘以 F^* 实现。由于 ZC 序列每个元素的模只有一个，噪声相当于每个子载波的噪声，结果是在 OFDM 符号内，产生了平稳的信噪比。因此，OCT 预编码仅仅用于不同子载波上的噪声共享。

5.2.2 预增强原理

在接收端，通过使用训练序列估计出第 k 个子载波上的信道响应系数 $\hat{H}_k$，如公式(5.2)所示：

$$\hat{H}_k = R_{\text{TS}, k}/S_{\text{TS}, k} \tag{5.2}$$

式中，$R_{\text{TS}, k}$ 和 $S_{\text{TS}, k}$ 分别代表训练序列中，第 k 个子载波上接收和发送的数据。在发送端，IFFT 之前，根据估计的信道响应进行预增强操作。使用预增强进行编码后，第 k 个子载波上，发送端的数据如公式(5.3)所示：

$$S_{\text{pre}, k} = S_k/|\hat{H}_k| \tag{5.3}$$

5.3　实验装置

图 5.1 显示了提出的基于可见光的 OFDM 系统的实验装置图。在发送端（TX），OFDM 调制/解调部分的数据信息处理过程描述如下：首先，使用伪随机比特序列产生二进制比特流，通过 64QAM 的映射，编码成 64QAM 映射符号。然后，使用 OCT 预编码和信道预增强技术，处理 64QAM 的映射符号。随后，进行 1024 点的快速傅立叶逆变换（IFFT），产生时域 OFDM 信号。表 5.1 显示了实验中产生 OFDM 信号的参数设置。每 1024 个点的 IFFT 中，增加 16 个点的循环前缀，加在 IFFT 的头部。每个 OFDM 帧，由 800 个 OFDM 符号和一个用于定时同步和信道估计的训练序列组成。在时域内，提取复数的实部和虚部，将实部和虚部并置在一起，实现虚数到实数的转换，这与传统的光 OFDM 系统有相似的峰均功率比和误码性能，但减少了占用的芯片面积以及功耗。同时，在数字时域 OFDM 数据中，使用限幅率为 12 dB 的数字限幅来降低 PAPR。将数据导入到型号为 AWG7122C 的任意波发生器中进行数模转换，产生电 OFDM 信号，经过型号为 Mini-circuits ZHL-6A-S+ 的电放大器将电信号进行放大。放大的 OFDM 信号经过偏置器，用直流信号驱动蓝色 LED。实验中，操作温度控制在 25℃ 左右，在低成本的 LED 与型号为 HAMAMATSU S10784 的 PD 间插入一个透镜。PD 与 LED 之间的距离大约是 80 cm。在接收端（Rx），从 LED 出来的光 OFDM 信号经 PD 检测，转化成电 OFDM 信号。接收到的电 OFDM 信号进入型号为 Tektronix TDS6804B 的示波器。最后，在示波器上采集数据，进行离线数据处理和实验结果分析。

表 5.1　OFDM 系统参数图

参数	值
子载波数（例如，FFT 长度）	1024
数据子载波数	800
循环前缀的长度	16
调制格式	64QAM

在接收端，对采集到的数据进行数字信号处理，过程包括：①定时同步；②实数转复数（R2C）；③去循环前缀；④1024 个点的快速傅立叶变换；⑤信道估计；⑥均衡；⑦OCT 预编码；⑧64QAM 解映射；⑨误码分析。本章测量了整个系统的信道幅度响应（CAR）。图 5.2（a）显示了随子载波索引而变化的信道幅度响

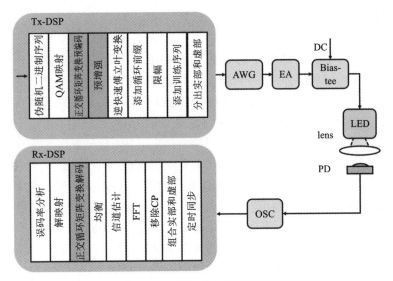

图 5.1　基于 OCT 预编码与预增强的系统框图

应曲线图。从图 5.2(a)可以看出，随着子载波索引的增加，信道响应幅度逐渐衰减。高频子载波部分的功率衰减超过了 16 dB。高频子载波有较低的信噪比，因此，误码率随着子载波的增加而衰减。图 5.2(b)显示了第 k 个子载波上的预增强因子 $1/|H_k|$。

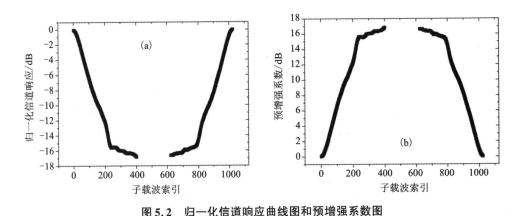

图 5.2　归一化信道响应曲线图和预增强系数图

(a)各子载波对应的归一化信道响应曲线图；(b)各子载波对应的归一化预增强系数图

5.4　实验结果和分析

实验中，设置 AWG 的采样率为 150 MS/s，通过改变信号的峰峰值（Peak-to-Peak Voltage，V_{pp}）和偏置电压值，测出了有或无 OCT 预编码，所对应的系统的误码性能。其结果分别如图 5.3（a）和图 5.3（b）所示。由图 5.3（a）和图 5.3（b）可以看出，当峰峰值为 0.9 V，且偏置电压为 3.3 V 时，有或无 OCT 预编码方案都能得到一个最优的误码率性能。如果峰峰值偏高或偏低，或者偏置电压偏高或偏低，系统的误码性能都会有相应的衰减。这是由于 LED 的非线性效应引起的。因此，为了避免由 LED 的非线性效应引起严重的性能衰退，以及对传统的 OFDM 与进行发送端预处理的 OFDM 进行一个公平的比较，在实验中，将偏置电压和峰峰值分别设为最佳值 3.3 V 和 $0.9V_{pp}$。

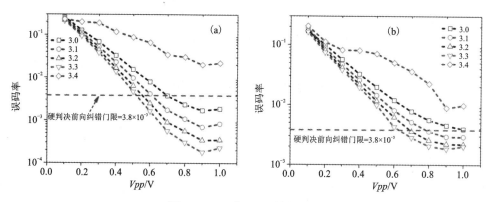

图 5.3　V_{pp} 与 BER 的关系图

（a）基于 OCT 的 OFDM；（b）传统的 OFDM

当偏置电压和峰峰值分别设置为最优值时，系统的误码性能会随着 AWG 的采样率变化而变化。图 5.4 所示为在实验中，使用不同的处理方案，随采样率变化而得出的误码率曲线。从图 5.4 和表 5.2 可以看出，当采样率为 125 MS/s 时，传统的 OFDM 的误码率约为 1.5×10^{-3}；仅使用预增强的 OFDM，所能达到的误码率约为 3.4×10^{-4}，仅使用 OCT 预编码能达到的误码率为 7.6×10^{-5}。与传统的 OFDM 相比，使用单一的预处理方案（OCT 预编码或预增强方式），能得到一个更好的误码性能。但这两种方案都没有达到 10^{-6} 级别。然而，使用 OCT 预编码与预增强联合方案，能达到的误码率大约为 2.6×10^{-6}。实验结果初步证明了，与单一的处理方案相比，采用联合预处理方案，可进一步提高基于可见光通信的 OFDM 系统的性能。从图 5.4 可以看出，随着 AWG 采样率的增加，虽然联合预处理 OFDM 方案的误码率性能有所衰减，但其他方式的误码率下降得更快。因此，联合预处理方案优于其他方案。

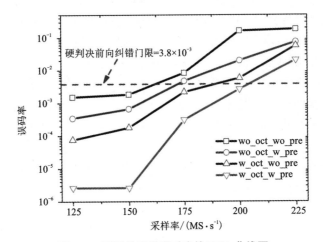

图 5.4　不同的采样率对应的 BER 曲线图

表 5.2　不同方法对应的误码率

方案	预增强	OCT	误码率
传统 OFDM	无	无	$1.5×10^{-3}$
只带预增强的 OFDM	有	无	$3.4×10^{-4}$
只带 OCT 的 OFDM	无	有	$7.6×10^{-5}$
同时带 OCT 和预增强的 OFDM	有	有	$2.6×10^{-6}$

此外，当 AWG 的采样率设置为 150 MS/s 时，使用 64QAM 映射的不同预处理方案，经过 80 cm 基于 LED 可见光的自由空间传输后，所捕获到的星座图分别如图 5.5(a)、图 5.5(b)、图 5.5(c)、图 5.5(d)所示。从图 5.5 可以看出，在使用联合预处理方案后，星座图更清晰，星座图上的符号更容易区分。由此验证了预处理方案在基于可见光的 OFDM 系统中的有效性。

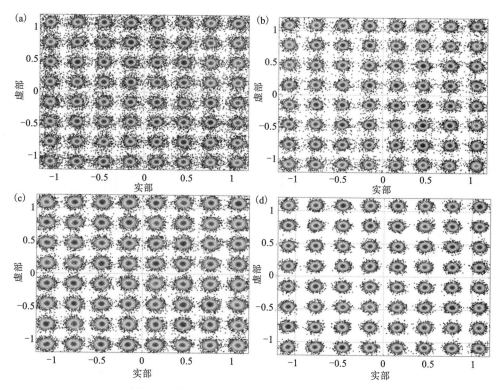

图 5.5　经过 80 cm 自由空间传输后的星座图

(a)无 OCT 无预增强；(b)无 OCT 有预增强；(c)有 OCT 无预增强 (d)有 OCT 有预增强

5.5　小结

　　本章提出并实验性地演示了 OCT 预编码和预增强联合方案在基于可见光通信的 OFDM 系统中良好的误码性能研究方案，该方案适合在室内自由空间中传输。根据误码性能，本章得出，OCT 预编码方案优于预增强方案。此外，通过比较 OCT 预编码方案和预增强方案，OCT 预编码与预增强联合方案具有更好的误码性能。当采样率为 150 MS/s 时，系统的误码性能低至 10^{-6}。

第6章 基于判决辅助采样频偏补偿算法的研究

6.1 引言

在发送端经过数模转换器（DAC）产生 OFDM 信号，在接收端经过模数转换器（ADC）采集 OFDM 信号。在实际应用中，驱动 DAC 以及 ADC 的时钟信号，往往来自异步的时钟源，故而在系统中存在采样时钟频率偏差（SCFO）。采样时钟频率偏差将会使 OFDM 系统子载波上的调制符号产生幅度衰减和相位旋转，同时将引入 ICI 与 ISI，当 SCFO 不是很大时，ICI 引入的干扰可视为一加性噪声，影响较小，可不进行补偿；SCFO 引入的幅度衰减则可以通过信道均衡予以补偿。因此 SCFO 引入的相位旋转与 ISI 将会对 OFDM 通信系统的性能产生损伤[147~149]。在本章中，采用基于判决辅助的方法来补偿采样时钟频率偏移。首先采用循环前缀（CP）和循环后缀（CS）阻止在 OFDM 符号中由采样时钟频率偏差引入的符号间干扰（ISI）。然后，使用基于判决辅助的采样时钟频偏补偿算法，有效地对采样时钟频率偏差引入的相位旋转进行补偿。该工作具有以下优点：①该方法不需要使用额外的导频符号和额外的用于估计采样频偏的训练序列开销，系统频谱效率高；②该方法无需进行采样时钟偏差估计，避免了残留采样时钟偏差的影响，适合时变采样时钟偏差的光 OFDM 系统；③该方法可以有效补偿系统中采样频率偏差引起的接收星座图的相位旋转。

6.2 OFDM 系统中的采样时钟偏差

6.2.1 OFDM 系统中的采样

采样定时中产生的偏差，往往会造成如下影响：一方面，产生一种时变的采样定时偏差，以致 ADC 需要跟踪时变的相位变化；另一方面，采样频率产生偏差，相对应地，快速傅立叶变换周期也产生偏差。于是，经过抽样的相邻的子载波之间不再继续具有正交性，从而产生信道间干扰。本章分析了采样定时偏差对 OFDM 系统所造成的影响。

在接收端,对接收到的模拟的连续信号进行采样,并通过 ADC 进行模数转换,使模拟信号变为数字信号。并且,采样的时刻取决于接收端接收机的时钟。接下来,进行快速傅立叶变换操作,并解调数字信号。在接收端,OFDM 具有两种采样方式,即同步采样以及异步采样,如图 6.1(a)和图 6.1(b)所示。在使用同步采样的系统中,为了使接收机的时钟与发射机的时钟保持同步,通常使用采样定时算法来控制压控振荡器(VCXO)。在使用异步采样的系统中,采样速率是固定的。图 6.1 中,$H(f)$ 代表信道的传输函数,$r(t)$ 代表在接收端,接收机所接收到的是连续信号[147]。

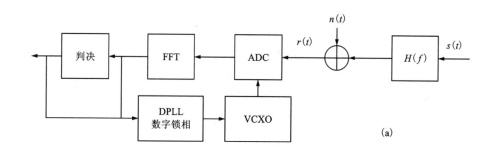

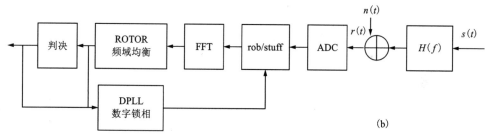

图6.1　OFDM 系统中的采样示意图

(a)同步采样;(b)异步采样

6.2.2　采样偏差分析

将 OFDM 符号周期设为 T,相应的子载波间隔设为 $1/T$,此时,由 OFDM 发送端(如 AWG)输出所得到的信号为大量的经过 QAM 调制的各个子载波之和。因此,在第 m 个 OFDM 符号中,其复包络表示为[148]:

$$S_m(t) = \sum_{k=0}^{N-1} a_m^k \exp(j2\pi kt/T) \qquad (6.1)$$

式中,a_m^k 代表在第 m 个 OFDM 的符号周期中,第 k 个子载波上所发送的符号,N

代表子载波的个数。

在接收端，需要对接收到的信号进行采样，如下所示：

$$r(t) = \sum_{m=-\infty}^{+\infty} s_m(t - mT) + n(t) \tag{6.2}$$

式中，$n(t)$ 代表加性的高斯白噪声。如果将采样频率设为 $f_s + \Delta f$，$f_s = N/T$，Δf 代表接收端 ADC 与发射端 DAC 之间存在的采样频率偏差。于是，实际的 OFDM 符号长度可表示为 $N/(f_s + \Delta f)$，而非之前的 N/f_s。所以，本章采用定时算法，在某些符号间隔内，删除（$\Delta f > 0$）或者插入（$\Delta f < 0$）样值，以确保 N 个样值和相应的符号周期相对齐。如果用 δ_k 代表接收第 k 个 OFDM 符号期间，删除或者插入的样值数量，那么，针对每个 OFDM 符号 k，δ_k 的取值可以设为 $\{-1, 0, 1\}$。相对应地，第 m 个符号中 N 个连续的样值可以表示为：

$$r_m^n = r\left(\frac{mN + n + \delta}{f_s + \Delta f}\right) \quad n \in [0, N-1] \tag{6.3}$$

式中，$\delta = \sum_{k=0}^{\infty} \delta_k$。

定义：

$$\tilde{a}_m^k = a_m^k \exp\left[j2\pi \frac{k}{N}(mN+\delta)\frac{f_s}{f_s + \Delta f}\right] \tag{6.4}$$

根据式（6.3），得到：

$$r_m^n = \sum_{k=0}^{N-1} \tilde{a}_m^k \exp\left(j2\pi \frac{kn}{N}\frac{f_s}{f_s + \Delta f}\right) + n_n^m \tag{6.5}$$

经过 FFT 解调，输出如下：

$$R_m^n = \tilde{a}_m^k I_{n,m} + \sum_{N-1} \tilde{a}_m^k I_{k,n} + n_n^m \tag{6.6}$$

式中：

$$I_{k,n} = \frac{1}{N} \frac{\sin\left[\pi\left(k\frac{f_s}{f_s + \Delta f} - n\right)\right]}{\sin\left[\frac{\pi}{N}\left(k\frac{f_s}{f_s + \Delta f} - n\right)\right]} \exp\left[j\pi\frac{N-1}{N}\left(k\frac{f_s}{f_s + \Delta f} - n\right)\right] \tag{6.7}$$

按照式（6.6）得知，FFT 的输出 R_m^n 包含如下两个部分：

（1）有效的信息：在式（6.6）中，经过相位旋转以及衰减的，被发送的信号 $\tilde{a}_m^k$，旋转的相位表示为：

$$\theta_m^n = 2\pi \frac{n}{N}[mN + \delta]\frac{f_s}{f_s + \Delta f} + \arg[I_{n,m}] \tag{6.8}$$

假设没有删除或者插入样值，即当 $\delta = 0$ 时，那么，相位 θ_n^m 与子载波的序 n 是成正比的，而且随着连续的 OFDM 符号的增加而呈线性增加。

（2）ICI 与加性噪声：在式（6.6）中，第二项代表因为存在样值同步偏差，而产生的信道间干扰，通常被当作一种加性干扰来进行处理。

6.3　判决辅助采样频偏补偿算法的原理

6.3.1　采样频偏效应

接收到的 OFDM 信号，存在采样频偏噪声，子载波间干扰的方差随着绝对子载波索引和 SFO 值的增加而增加。图 6.2 显示了由 SFO 产生的第三个影响。随着符号数的增加，在一个 OFDM 符号窗口内的采样点，最终会显示在另一个 OFDM 符号窗口内，从而引起所谓的符号间干扰。

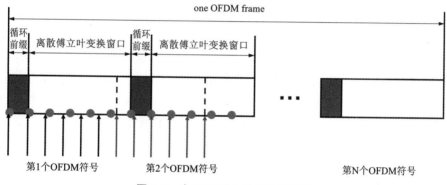

图 6.2　由 SFO 引入的样本错位图

（绿色的点：正确的样本位置。黑色箭头：由于 SFO 引起的符号 1 中样本的实际位置。蓝色箭头：由于 SFO 引起的符号 2 中样本的实际位置。DFT：离散傅立叶变换）

由于 FFT 窗口同步通常是在帧的头部加入训练序列来实现的。在帧的前面部分的 OFDM 符号，通常有比较好的 FFT 窗口同步。然而，在帧的后面部分的 OFDM 符号中，FFT 窗口的错位变得越来越严重，由符号间干扰引入的损伤也随之增加。

6.3.2　循环前/后缀 OFDM 帧长度与采样时钟偏差之间的关系

为避免采样频偏引入的符号内干扰（ISI），通过监测频域中由 SCFO 引起的相位旋转来调整所接收的 OFDM 采样的 FFT 窗口。或者，使用循环前缀/循环后缀来避免由采样频偏引入的 ISI。在最后的数据子载波 OFDM 符号的每个 OFDM 帧的 FFT 窗口中，由采样频率偏移引入的定时偏移可以定义为[148]：

$$N_\mathrm{S}(N_\mathrm{T}+1)\,|\hat{\Delta}_n| \tag{6.9}$$

式(6.9)可进一步表示为：

$$N_\mathrm{S}(N_\mathrm{T}+1)\,|\hat{\Delta}_n|<\begin{cases} N_\mathrm{CP} \\ N_\mathrm{CS} \end{cases} \tag{6.10}$$

式中，N_CP 表示循环前缀的长度，N_CS 表示循环后缀的长度，N_T 表示训练序列的长度。从式中可知，SCFO 将不会增加 ISI。然而，增加 CP/CS 的长度，将会导致低频谱效率。

6.3.3 判决辅助采样频偏补偿算法(DA-SCFOC)的相位恢复

对于 SFO 引入的 ISI，可采用 CP/CS 进行辅助消除，另外，对于 SFO 引入的相移，可使用判决辅助方式来进行补偿。在传统的 OFDM 解调过程中，对信号进行解调过程中的一个重要步骤是使用训练序列或导频子载波辅助进行信道估计和均衡。对发送的信息符号而言，因为采样频偏引入了相位偏移，为了确保 SFO 不影响信道估计及均衡操作，在 OFDM 解调过程中选择采用判决辅助采样频偏补偿算法(DA-SCFOC)。在使用 DA-SCFOC 的过程中，导频子载波需进行对称排列。正子载波部分的采样频偏引入的相位偏移与相同子载波下的负子载波部分大小相等，但是方向相反。子载波索引为-10 ~ 10，导频子载波对称地排列，一个正的指标对应相同的负指标，这样，SFO 诱导不同子载波相移平均，因此不妨碍信道估计过程。

具体地，DA-SCFOC 的原理如下，在信道均衡后，由 SFO 引入的第 k 个子载波上第 i 个符号的相位偏移 $\varphi_\mathrm{SFO}^{k_i}\varphi$，由公式(6.11)和公式(6.12)得出[147]：

$$\varphi_\mathrm{SFO}^{k_i} = \frac{1}{\min(k'_\mathrm{max},\ k+m)\ -\ \max(k'_\mathrm{max},\ k-m)\ +\ 1} \sum_{k'=k-m}^{k+m} \arg\left[\hat{s}_{k'(i-1)}{}^*\right] \tag{6.11}$$

$$\hat{S}_{ki} = \mathrm{Decision}(r_{ki} \cdot e^{-j\cdot\frac{i}{i-1}\cdot\varphi_\mathrm{SFO}^{ki}}) \quad (i \geqslant N_\mathrm{TS}+1) \tag{6.12}$$

式中，k'_max 和 k'_min 分别为调制子载波索引的最大值和最小值，$*$ 为相位共轭，$\hat{s}_{ki}$ 是发送信号符号 s_{ki} 的判决。N_TS 是在帧的开始部分插入的训练序列符号数。在式(6.11)中，平均长度为 $2m+1$ 的符号内频域平均(Intra-Symbol Frequency Domain Averaging, ISFA)用来提高在噪声存在时信道估计的准确性。由于 SFO 引入的正负子载波之前的频率错误，ISFA 在正负子载波中分别执行。

在式(6.12)中，$i/(i-1)$ 是使用过去的符号信息的修正因子。式(6.11)和式(6.12)描述为：首先，在帧的开始部分，插入训练序列，作为信道估计，或者简单地设置 $\varphi_\mathrm{SFO}^{k-1}=0$，这是从式(6.1)得出的有效的近似公式。这个过程一直持续到帧的结尾。值得注意的是，由于 DA-SCFOC 运行在符号到符号的基础上，与

OFDM 符号率比它实际传输的比特率更低，实施 DA-SCFOC 不需要缓冲和高速功率消费电子。此外，由于补偿是在符号到符号的基础上进行的，DA-SCFOC 在抗随时间变化的 SCFO 上具有鲁棒性。

6.4 实验设置

本文进行了基于 LED 的可见光实验，来研究 DA-SCFOC 的性能。图 6.3 描述了基于判决辅助采样频偏算法的系统框图。在 Tx 端，一个伪随机二进制序列（PRBS）映射到 200 个 OFDM 符号，经过共轭对称后，连同空载波，经过 128 个点的 IFFT 转换到时域上；加入循环前缀和 1 个训练序列，并将限幅率设成 12 dBm进行限幅，然后，发送端的信号被导入 AWG 中（型号为：Tektronix 7122C），经过 25 V 电放大器，450 nm LED 和透镜，进入 PD 中，转换成电信号，之后进入示波器中进行数据采集，并导出数据进行离线处理。数据离线处理的过程是：首先，计算接收到的数据，与本地的训练序列互相关，找出帧的定时同步点。经过去 CP 和 FFT 操作后，信号被转换回频域信号。接着，进行信道估计和频域均衡。紧接着，进行相位恢复，其恢复过程采用 6.3 节提到的方法。经过采样频偏估计补偿和判决后，进行解映射，最后进行误码分析。

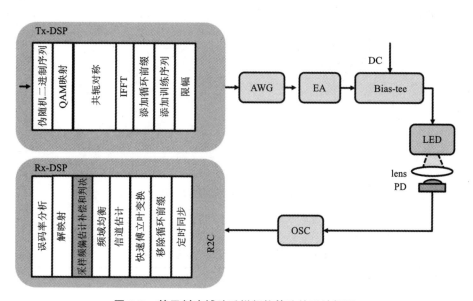

图 6.3 基于判决辅助采样频偏算法的系统框图

6.5　实验及仿真结果

　　为了准确地模拟 SCFO 的现象，在实验中，将示波器内部的模数转换器（ADC）的采样速率设置为 100 MS/s，进而设定 AWG 内部不同的转换速率，从而获得不同的 SCFO。例如，将 AWG 的采样速率设定成 100.02 MS/s，则 SCFO = $(100.02-100)/100\times10^6 = 200$ ppm。采用 200 个 OFDM 符号，16QAM 的调制格式，采用的时钟偏差与 AWG 端对应的采样频率如表 6.1 所示。

　　图 6.4 为采用 DA-SCFOC 算法，不同的循环前缀和循环后缀，不同的 SCFO 下的误码率图和 EVM 图。图 6.4 表明，循环前缀和循环后缀越多，误码性能越好。这是因为循环前缀和循环后缀能防止由 SFCO 引起的累积效应产生的串扰。从图中还可以看出，采样频偏越大，误码率性能越差。当采样频偏值在$-200\times10^{-6}\sim200\times10^{-6}$时，采用 4 个循环前缀和 4 个循环后缀（4CP4CS）或更多的循环前缀和循环后缀，误码率都在软判决门限值 2.4×10^{-2} 内。采用 16 个循环前缀和16 个循环后缀（16CP16CS）时，采样时钟频率偏差值为$-400\times10^{-6}\sim400\times10^{-6}$，误码率依旧在软判决门限值 2.4×10^{-2} 内。

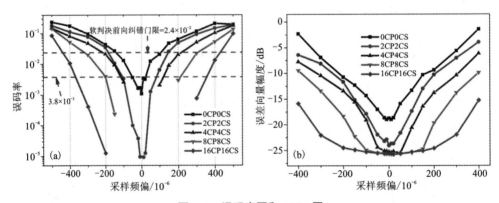

图 6.4　误码率图和 EVM 图

(a)误码率图和(b)EVM 图。CP：循环前缀；CS：循环后缀

表 6.1　SCFO 对应的 AWG 采样频率

序号	采样率/(MS·s⁻¹)	采样时钟频偏/10⁻⁶	AWG 采样率/(MS·s⁻¹)
1	100	-400	99.96
2	100	-300	99.97
3	100	-200	99.98

续表 6.1

序号	采样率/(MS·s^{-1})	采样时钟频偏/10^{-6}	AWG 采样率/(MS·s^{-1})
4	100	−150	99.985
5	100	−100	99.99
6	100	−50	99.995
7	100	−20	99.998
8	100	−10	99.999
9	100	0	100
10	100	10	100.001
11	100	20	100.002
12	100	50	100.005
13	100	100	100.01
14	100	150	100.015
15	100	200	100.02
16	100	300	100.03
17	100	400	100.04

图 6.5 为当循环前缀和循环后缀为 4(4CP4CS)，采样时钟偏差为 50×10^{-6} 时，采用 DA-SCFOC 算法估计前后的星座图。结果显示，DA-SCFOC 算法能纠正星座图的相位偏移。

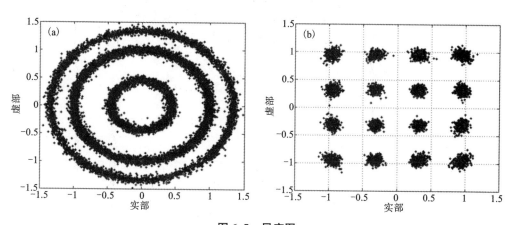

图 6.5　星座图

(a)SCFO 补偿前和(b)SCFO 补偿后

　　如果设置示波器输出的 10 MHz 的参考时钟信号作为 AWG 的参考时钟，在 200 个 OFDM 符号、16 QAM 调制格式、150 MS/s 采样频偏条件下，与不使用 10 MHz 参考时钟的信号相比较，得到的误码率图与 EVM 图如图 6.6 所示。从图中可以得知，有无外参的 EVM 及误码率曲线图相似，说明 DA−SCFOC 算法有效。图中还可以得出，循环前缀和循环后缀数目越多，性能越好。

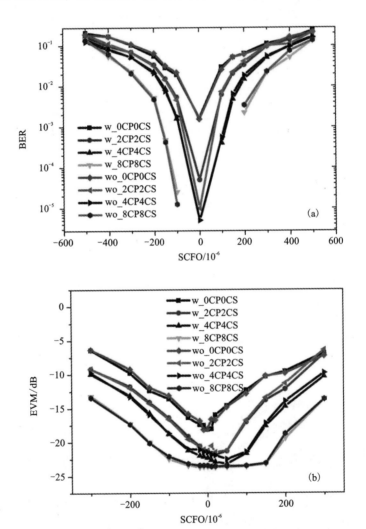

图 6.6　不同的采样时钟频偏不同循环前缀和循环后缀的误码率图和 EVM 图

(a) 误码率图；(b) EVM 图

（CP：循环前缀；CS：循环后缀；w：有外参；wo：无外参）

　　为了证明移动定时同步点与误码率的关系，采用 200 个 OFDM 符号、16QAM

的调制格式、100 MS/s 的采样率、不同的循环前缀和循环后缀，在同步点向前移的情况下，针对不同的采样时钟频偏进行了仿真研究，仿真结果如图 6.7 所示。结果显示，循环前缀和循环后缀小于 4 的情况下，当 SFO>0 时，同步点往前移，误码性能变好。而当 SFO<0 时，同步点往前移，误码性能反而变差。循环前缀和循环后缀大于 4 时，移动同步点，误码性能差不多。这是由于循环前缀较小时，符号间的串扰引起的。

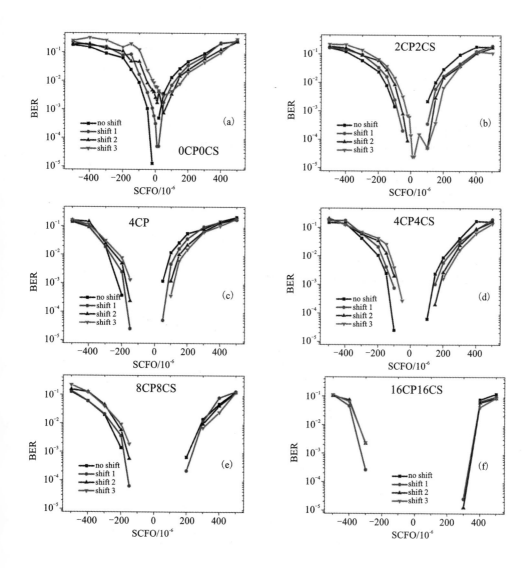

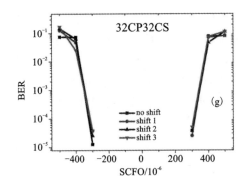

图 6.7 移动不同的同步点后，SCFO 与误码率关系的曲线图

no shift：不移位；shift 1：同步点往前移 1 位；

shift 2：同步点往前移 2 位；shift 3：同步点往前移 3 位

在有 CP 和 CS 的情况下，性能随着 CS 和 CP 长度的增加得到改善，但系统频谱效率下降。因此，本书采用两种方式来提高频谱效率：①在只有 CP 没有 CS 的前提下，修正同步点位置。②减少每帧中 OFDM 符号的数量来改善系统性能的同时，保证系统的频谱效率。

使用 16QAM 4CP 信号，当采样率为 100 MS/s，采样频偏分别为 0、10×10^{-6}、20×10^{-6}、50×10^{-6}、100×10^{-6}、150×10^{-6}、200×10^{-6}、300×10^{-6}、400×10^{-6}、500×10^{-6}，OFDM 符号数为 200 时，所对应的误码率如图 6.8 所示。结果表明，通过修正同步点位置，可以改善系统的误码性能。

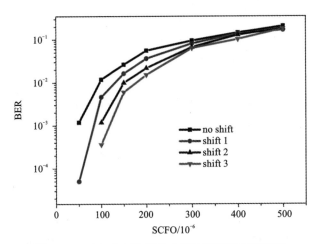

图 6.8 16QAM 4CP 信号 SCFO 对应的误码率图

no shift：不移位；shift 1：同步点往前移 1 位；

shift 2：同步点往前移 2 位；shift 3：同步点往前移 3 位

　　由于正交性的损失，SCFO 会在不同的 OFDM 子载波之间引起 ICI。随着子载波的增加，SCFO 引入的 ICI 也增加。这意味着 OFDM 符号长度越大，受 SCFO 引起的损伤越大。在使用不同的 OFDM 符号、16QAM 的调制格式、100 MS/s 的采样率、不同的采样时钟频偏、循环前缀为 4、无循环后缀的条件下，采用提出的算法，对 OFDM 符号的大小进行了仿真研究。图 6.9 为不同 OFDM 符号长度下，不同的 SCFO 对应的误码率图与 EVM 图。从图中可以看出，OFDM 的符号数越小，系统的性能越好。结果表明，减少每帧中 OFDM 符号的数量来改善系统性能的同时，能保证系统的频谱效率。

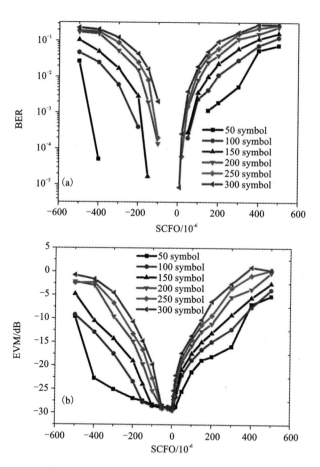

图 6.9　SCFO 对应的误码率图和 EVM 图

（a）误码率图和（b）EVM 图（symbol：符号数）

6.6　小结

本章基于 LED 的可见光系统，使用判决辅助采样频偏补偿方法，对其在不同条件下的性能进行了研究。仿真和实验结果显示，当循环前缀和循环后缀的总长度越长时，误码性能越好。当 OFDM 符号数越小时，误码率越低。同时，可以通过前移同步点的方式，来改善误码性能。使用外参和不使用外参的情况下，性能差不多，因此，在可见光通信系统中，使用判决辅助采样频偏补偿算法在抗采样频偏上有效。

第 7 章　本书总结

随着信息技术的飞速发展，人们的生活也变得更加便捷与丰富。如今，大数据、云计算与物联网等新型应用及大型网络游戏、HDTV 与视频会议等新型宽带业务已使得人们对带宽的需求呈指数型增长。为了满足日益增长的带宽需求，整个光网络势必要进一步提速向高速光网络迈进。实现高通信速率，是满足当今世界各种各样的迅猛发展的通信需求的基础。然而，当今世界通信所需要的带宽资源缺乏，因此，高频谱效率是实现高通信速率所需的条件。采用高频谱效率进行可靠通信，进而降低成本，成为目前数字通信中所面临的重要课题。为了满足通信系统中高频谱效率的传输需求，本书围绕 OFDM 的数字信号处理技术展开研究。具体工作内容如下：

第一、基于 FFT 长度有效的 4096 QAM OFDM 算法研究。

在 IMDD 系统中，使用低成本的 DML，基于 FFT 长度有效算法和 4096 QAM 调制格式，实现高频谱效率 OFDM 信号的传输。FFT 长度有效算法产生传统的复数 OFDM 信号，然后，提取复数 OFDM 信号的实部和虚部，并把它们并置在时域中，以此来获得一个实数的 OFDM 信号。该技术与传统的 OFDM 相比，没有使用共轭，IFFT/FFT 长度减少了一半，大大降低了计算复杂度。另外，减少了功耗以及占用的芯片面积。然而，该技术在误码率与降 PAPR 上与传统的实数光 OFDM 系统相同。并且，在该系统中，使用低成本的 DML，第一次仿真和实验演示了 4096 QAM OFDM 信号的传输。实验结果显示，该信号能在误码率低于 20% 的软判决门限值时，成功地在标准单模光纤上传输 10 km，频谱效率达到了 9.5 bit/(s·Hz)。仿真结果显示，使用 10G 光组件，100G 的 4096 QAM OFDM 信号，能成功地传输 2 km SSMF，系统误码率同样小于 2.4×10^{-2}。系统中实现高 QAM 的关键技术包括：高分辨率的 DAC 和 ADC，过采样技术，大尺寸的 FFT 长度，ISFA 技术。

第二、基于自适应 DFT 扩频方案的 OFDM 算法的研究。

提出在光纤与 450 nm 蓝色激光可见光融合系统中，使用 DFT 扩展抵抗高频功率衰减，同时降低 FFT/IFFT 长度有效 OFDM 信号的峰均功率比。本书比较了 FFT/IFFT 长度有效 DFT 扩频 OFDM 信号与传统的 DFT 扩频 OFDM 信号的性能。实验结果显示，在 20 km 标准单模光纤和 5 m 的激光可见光融合系统中，3.17 Gbps 及 4.75 Gbps 的 16QAM(64QAM) 的 DFT 扩频 FFT 长度有效 OFDM 信号能成功地传输，对应误码率分别低于 10^{-5} 及 10^{-2}。另外，本书提出在 450 nm

的激光可见光系统中，采用自适应调制方式，进一步提高 FFT/IFFT 大小有效的 OFDM 信号的频谱利用率。实验结果显示，在 5 m 的 450 nm 蓝色激光可见光系统中传输后，提出的 OFDM 信号的净比特率为 4.96 Gb/s，误码率低于 20% 的软判决门限值 $2.4×10^{-2}$。在系统中，采用符号间频域内平均的方法来抵制放大自发辐射噪声和光电二极管的热噪声，另外，采用训练序列实现同步以及信道估计。

第三、基于正交循环矩阵变换预编码和预增强的联合方法研究。

提出在室内 VLC 可见光中，使用基于正交循环矩阵变换预编码和预增强的联合方案，提高系统的频谱效率。本书所提出的方案，能应对室内可见光系统中带宽受限的问题，其误码性能优于自适应比特和功率分配方案，而且其实施的复杂度低，因此该方案不仅仅适用于实际的可见光系统，还适用于其他带宽受限的 OFDM 传输系统中。实验结果显示，本书所提出的联合方案，其误码性能优于单一使用 OCT 的方案，也优于单一使用预增强的方案。

第四、基于判决辅助采样频偏算法的研究。

在 LED 的可见光中，使用基于判决辅助采样频偏的方式，来补偿发射机和接收机之间存在的采样频率偏差引起的接收到的信号在频域上产生的偏移。实验结果表明，该算法能补偿由采样时钟频率偏差引起的相位旋转，且可以一次性地补偿，不需要通过相位反馈信息，并且减少了系统中所需的循环前缀的数目。

除了本书所展示的研究工作点以外，高频谱光 OFDM 通信系统中，仍有一些工作值得进一步研究：

第一，在本书当前的研究工作中，仅完成了 FFT/IFFT 长度有效 OFDM 传输方面的验证性实验研究，未研究针对 FFT/IFFT 长度有效 OFDM 传输系统特定的数字信号处理算法。实际上，FFT/IFFT 长度有效 OFDM 传输方式与传统 OFDM 传输方式存在一定差异，研究更适合 FFT/IFFT 长度有效 OFDM 传输的算法，可进一步增加 FFT/IFFT 长度有效 OFDM 传输方案的优越性。

第二，在本书当前的研究工作中，完成了对 OCT 预编码及预增强联合算法的验证性实验，但实验是基于单输入单输出的点对点 VLC 实验系统，未研究该联合算法在多输入多输出 VLC 实验系统中的性能。相比于单输入单输出 VLC 系统，多输入多输出 VLC 系统会面临更严重的干扰，并且接收端复杂度更高，因此如何将该联合算法应用于多输入多输出 VLC 系统中，且是否可为多输入多输出 VLC 系统带来更优化的性能都值得进一步验证。

第三，在本书当前的研究工作中，有关 OFDM 传输的实验研究大多基于 DCO -OFDM 的传统方式。而面对直接检测光系统，除 DCO-OFDM 外，亦存在其他一些方式，比如 ACO-OFDM 传输方式。研究 FFT/IFFT 长度有效算法与 ACO- OFDM 的结合，或研究 OCT 预编码及预增强联合算法在 ACO-OFDM 光传输中的有效性及应用可行性，都是下一步待完成的工作。

　　第四，OFDM 信号由于峰均比的问题，对非线性失真敏感。在本书当前的研究工作中，并未考虑光 OFDM 系统非线性失真问题。而非线性失真，通常是限制系统性能的一大主要因素。在 FFT/IFFT 长度有效 OFDM 传输中结合非线性抑制问题的研究，以及 OCT 预编码与非线性抑制算法的联合算法的研究，都是未来值得进一步开展的工作。

　　第五，不完全补偿的预增强技术的研究。不完全补偿能获得更多的增益，这将作为今后进一步研究的内容。

参考文献

［1］ Weinstein S, Ebert P. Data Transmission by Frequency-Division Multiplexing Using the Discrete Fourier Transform. IEEE Transactions on Communication Technology ［J］. 1971, 19 (5): 628-634.

［2］ Pan Q, Green R J. Bit-error-rate performance of lightwave hybrid AM/OFDM systems with comparison with AM/QAM systems in the presence of clipping impulse noise. IEEE Photonics Technology Letters［J］. 1996, 8(2): 278-280.

［3］ Parashis L, Advancements in data-center networking and the importance of optical interconnections［C］. European Conference and Exhibition on Optical Communication (ECOC), 2013: Th. 2. F. 3.

［4］ Sim D H, Takushima Y, and Chung Y C. High-speed multimode fiber transmission by using mode-field matched center-launching technique［J］. Journal of Lightwave Technology, 2009, 27 (8): 1018-1026.

［5］ Freund R E, Bunge C A, Ledentsov N N, et al. High-speed transmission in multimode fibers ［J］. Journal of Lightwave Technology, 2010, 28(4): 569-586.

［6］ Amphawan A. Holographic mode-selective launch for bandwidth enhancement in multimode fiber ［J］. Optics Express, 2011, 19(10): 9056-9065.

［7］ Okamoto A, Aoki K, Wakayama Y, et al. Multi-excitation of spatial modes using single spatial light modulator for mode division multiplexing［C］. Optical Fiber Communication/National Fiber Optic Engineers Conference (OFC), 2012: JW2A. 38.

［8］ Yu C, Liou J, Chiu Y, et al. Mode multiplexer for multimode transmission in multimode fibers ［J］. Optics Express, 2011, 19(13): 12673-12678.

［9］ Hang C H, Chrostowski L, and Chang-Hasnain C J. Injection locking of VCSELs［J］. IEEE Journal of Selected Topics in Quantum Electronics, 2003, 9(5): 1386-1393.

［10］ Chrostowski L, Faraji B, Hofmann W, et al. 40 GHz bandwidth and 64 GHz resonance frequency in injection-locked 1. 55 μm VCSELs ［J］. IEEE Journal of Selected Topics in Quantum Electronics, 2007, 13(5): 1200-1208.

［11］ Hugues-Salas E, Courjault N, Jin X Q, et al. Real-time 11. 25 Gb/s optical OFDM transmission over 2000m legacy MMFs utilizing directly modulated VCSELs［C］. Optical Fiber Communication Conference and Exposition and National Fiber Optic Engineers Conference (OFC/NFOEC), 2012: 1-3.

［12］ Ghassemlooy Z G, Hayes A R. Indoor Optical Wireless Communication Systems［M］. Part 1. Quantum Beam Ltd. Review, 2003.

[13] Chang R W. Synthesis of Band – Limited Orthogonal Signals for Multichannel Data Transmission [J]. Bell Labs Technical Journal, 1966, 45(10): 1775-1796.

[14] Armstrong J and Lowery A J. Power efficient optical OFDM[J]. Electronics Letters, 2006, 42: 370.

[15] Shieh W and Athaudage C. Coherent optical orthogonal frequency division multiplexing[J]. Electronics Letters, 2006, 42: 587.

[16] Shieh W, CHEN W, and Tucker R, et al. Polarisation mode dispersion mitigation in coherent optical orthogonal frequency division multiplexed systems[J]. Electronics Letters, 2006, 42: 1.

[17] Shieh W. OFDM for Flexible High-Speed Optical Networks [J]. Journal of Lightwave Technology, 2011, 29: 1560-1577.

[18] Chang R W. Orthogonal Frequency Multplex Data Transmission System[M].1970.

[19] Cimini L. Analysis and Simulation of a Digital Mobile Channel Using Orthogonal Frequency Division Multiplexing[J]. IEEE Transactions on Communications, 1985, 33: 665-675.

[20] Tanaka Y, Komine T, Haruyama S, et al. Indoor visible communication utilizing plural white LEDs as lighting[C]. Personal, Indoor and Mobile Radio Communications, 2001 12th IEEE International Symposium on, 2001, 2: F-F.

[21] James A, Lowery and Armstrong J. 10 Gbit/s multimode fiber link using power-efficient orthogonal-frequency-division multiplexing[J]. Optics Express, 2005, 13: 10003-10009.

[22] Li A, Chen X, Gao G, et al. Transmission of 1 Tb/s Unique-Word DFT-Spread OFDM Superchannel Over 8000 km EDFA-Only SSMF Link [J]. Journal of Lightwave Technology, 2012, 30: 3931-3937.

[23] OmiyaT, Yoshida M, and Nakazawa M. 400 Gbit/s 256 QAM-OFDM Transmission over 720 km with a 14 bit/s/Hz Spectral Efficiency Using an Improved FDE Technique[C]. Optical Fiber Communication Conference/National Fiber Optic Engineers Conference 2013, 2013: 1-3.

[24] Salz J, Weinstein S. Fourier transform communication system[C]. Proceedings of the first ACM symposium on Problems in the optimization of data communications systems, 1969: 99-128.

[25] Benlachtar Y, Rangaraj D, Hoe J C, et al. Generation of optical OFDM signals using 21.4 GS/s real time digital signal processing[J]. Optics Express, 2009, 17(20): 17658-17668.

[26] Inan B, Adhikari S, Karakaya O, et al. Real-time 93.8-Gb/s polarization-multiplexed OFDM transmitter with 1024-point IFFT[J]. Optics Express, 2011, 19(26): B64-B68.

[27] Jin X Q, Giddings R P, Hugues-Salas E, et al. Realtime demonstration of 128-QAM-encoded optical OFDM transmission with a 5.25bit/s/Hz spectral efficiency in simple IMDD systems utilizing directly modulated DFB lasers[J]. Optics Express, 2009, 17(22): 20484-20493.

[28] Bruno J S, Almenar V, Valls J, et al. Low-Complexity Time Synchronization Algorithm for Optical OFDM PON System Using a Directly Modulated DFB Laser[J]. IEEE/OSA Journal of Optical Communications and Networking, 2015, 7(11): 1025-1033.

[29] CHEN M, HE J, and ChEN L. Real-Time Optical OFDM Long-Reach PON System over 100-km SSMF Using a Directly Modulated DFB Laser [J]. IEEE/OSA Journal of Optical

Communications and Networking, 2014, 6(1): 18-25.

[30] CHEN M, HE J, TANG J, et al. Experimental demonstration of real-time adaptively modulated DDO-OFDM systems with a high spectral efficiency up to 5.76 bit/s/Hz transmission over SMF links[J]. Optics Express, 2014, 22(15): 17691-17699.

[31] LI F, LI X, ChEN L, et al. High-Level QAM OFDM System Using DML for Low-Cost Short Reach, Optical Communications, 2014, 26(9): 941-944.

[32] SHI J, ZHANG J, ZHOU Y, et al. Transmission Performance Comparison for 100 - Gb/s Detection[J]. IEEE/OSA Journal of Lightwave Technology, 2017, 35(23): 5127-5133.

[33] Kim M, Lee W, and Cho D. A Novel PAPR Reduction Scheme for OFDM System Based on Deep Learning[J]. IEEE Communications Letters, 2018, 22(3): 510-513.

[34] ZHANG H, YUAN Y, and XU W. PAPR reduction for DCO-OFDM visible light communications via semi-definite relaxation[J]. IEEE Photonics Technology Letters, 2014, 26 (17): 1718-1721.

[35] Hany E, Raed M, and Harald H. An LED model for intensity-modulated optical communication systems[J]. IEEE Photonics Technology Letters, 2010, 22(11): 835-837.

[36] Armstrong J and Lowery A J. Power efficient optical OFDM[J]. Electronics Letters, 2006, 42(6): 370-372.

[37] Elgala H and Little T D C. Reverse polarity optical-OFDM (RPO-OFDM): Dimming compatible OFDM for gigabit VLC links[J]. Optics Express, 2013, 21(20): 24288-24299.

[38] Lam E, Wilson S, Elgala H, et al. Spectrally and energy efficient OFDM (SEE-OFDM) for intensity modulated optical wireless systems[M]. Mathematics, 2015.

[39] Kottke C, Hilt J, Habel K, et al. 1.25 Gbit/s visible light WDM link based on DMT modulation of a single RGB LED luminary[C]. Proceedings of ECOC 2012, 2012: 1-3.

[40] Cossu G, Khalid A M, Choudhury P, et al. 3.4 Gbit/s visible optical wireless transmission based on RGB LED[J]. Optics Express, 2012, 20(26): 501-506.

[41] Cossu G, Wajahat A, Corsini R, et al. 5.6 Gbit/s Downlink and 1.5 Gbit/s Uplink Optical Wireless Transmission at Indoor Distances (≥1.5 m)[C]. ECOC 2014, 2014: 1-3.

[42] SHI J, HUANG X, WANG Y, et al. Real-time bi-directional visible light communication system utilizing a phosphor-based LED and RGB LED[C]. 2014 Sixth International Conference on Wireless Communications and Signal Processing(WCSP), 2014: 1-5.

[43] Hussein A F, Elgala H, and Little T D C. Visible Light Communications□: Toward Multi-Service Waveforms[C]. Consumer Communications & Networking Conference (CCNC), 2018: .

[44] ZHENG Y, ZHANG M. Visible Light Communications-Recent Progresses and Future Outlooks [C]. 2010 Symposium on Photonics and Optoelectronics, 2010: 1-6.

[45] Bykhovsky D and Arnon S. An experimental comparison of different bit-and-power-allocation algorithms for DCO-OFDM[J]. IEEE/OSA Journal of Lightwave Technology. 2014, 32(8): 1559-1564.

[46] Elgala H, Mesleh R, Haas H. A study of LED nonlinearity effects on optical wireless transmission using OFDM[C]. Proceedings of the Sixth international conference on Wireless and Optical Communications Networks, 2009: 388–392.

[47] LU H, YU T, et al. Performance Improvement of VLC System Using GaN-Based LEDs With Strain Relief Layers[J]. IEEE Photonics Technology Letters, 2016, 28(9): 1038–1041.

[48] Kim S H, Singh S, et al. Visible Flip-Chip Light-Emitting Diodes on Flexible Ceramic Substrate with Improved Thermal Management [J]. IEEE Electron Device Letters, 2016, 3106: 2015–2017.

[49] CHENG L, SHENG Y, XIA C, et al. Effects of Polarization Charge in GaN-based Blue Laser Diodes (LD) [C]. NUSOD 2010, 2010: 13–14.

[50] Byrd M, Pung A, Johnson E, et al. Wavelength Selection and Polarization Multiplexing of Blue Laser Diodes[J]. IEEE Photonics Technology Letters, 2015, 27(20): 2166–2169.

[51] Lee C, ZHANG C, Cantore M, R. et al. 2.6 GHz High-Speed Visible Light Communication of 450 nm GaN laser Diode by Direct modulation[C]. 2015 IEEE Summer Topicals Meeting Series (SUM), 2015, 26(7): 112–113.

[52] Hussein A T, Elmirghani J M H, and Ieee S M. High-Speed Indoor Visible Light Communication System Employing Laser Diodes and Angle Diversity Receivers[C]. ICTON 2015, 1–6.

[53] Watson S, Najda S P, Perlin P, et al. Multi-gigabit data transmission using a directly modulated GaN laser diode for visible light communication through plastic optical fiber and water [C]. 2015 IEEE Summer Topicals Meeting Series, 2015, 2: 224–225.

[54] CHI Y, Hsieh D, Tsai C, et al. 450–nm GaN laser diode enables high-speed visible light communication with 9–Gbps QAM– OFDM[J]. Optics Express, 2015, 23(10): 9919–9924.

[55] Diode O L, XU J, LIN A, et al. Underwater Laser Communication Using an OFDM-Modulated 520–nm Laser Diode[J]. IEEE Photonics Technology Letters, 2016, 28(20): 2133–2136.

[56] WENG Z, WANG H, KAO H, et al. 60–Gbit/s QAM-OFDM Direct-Encoded Colorless Laser Diode Uniform Transmitter for DWDM-PON Channels [C]. 2017 Conference on Lasers and Electro-Optics, 2017: 2–3.

[57] HUANG Y, Tsai C, CHI Y, et al. Filtered Multicarrier OFDM Encoding on Blue Laser Diode for 14.8–Gbps Seawater Transmission[J]. Journal of Lightwave Technology, 2018, 36(9): 1739–1745.

[58] TANG J M, Lane P M, Shore K A. High-speed transmission of adaptively modulated optical OFDM signals over multimode fibers using directly Modulated DFBs[J]. Journal of Lightwave Technology, 2006, 24(1): 429–441.

[59] TANG J, Lane PM, Shore K. Transmission performance of adaptively modulated optical OFDM signals in multimode fiber links[J]. IEEE Photonics Technology Letters, 2006, 18(1): 205–207.

[60] TANG J, Shore K. 30–Gb/s signal transmission over 40–km directly modulated DFB-laser-based single-mode-fiber links without optical amplification and dispersion compensation[J].

Journal of Lightwave Technology, 2006, 24(6): 2318-2327.

[61] Djordjevic IB, Vasic B. Orthogonal frequency division multiplexing for high-speed optical transmission[J]. Optics Express, 2006, 14(9): 3767-3775.

[62] Djordjevic IB, Vasic B. 100-Gb/s transmission using orthogonal frequency-division multiplexing [J]. IEEE Photonics Technology Letters, 2006, 18(15): 1576-1578.

[63] Dischler R, Buchali F. Experimental assessment of a direct detection optical OFDM system targeting 10 Gb/s and beyond[C]. Technical Digest of OFC 2008, 2008: 1-3.

[64] Buchali F, Dischler R. Optimized sensitivity direct detection O-OFDM with multilevel subcarrier modulation[C]. Technical Digest of OFC 2008, 2008: 1-3.

[65] PENG W R, WU X, Arbab VR, et al. Experimental demonstration of 340 km SSMF transmission using a virtual single sideband OFDM signal that employs carrier suppressed and iterative detection techniques[C]. Techical Digest of OFC 2008, 2008: 1-3.

[66] PENG W R, WU X, Arbab V, et al. Experimental demonstration of a coherently modulated and directly detected optical OFDM system using an RF-tone insertion[C]. Technical Digest of OFC'2008, 2008: 1-3.

[67] Lowery A, Armstrong J. Orthogonal-frequency-division multiplexing for dispersion compensation of long-haul optical systems[J]. Optics Express, 2006, 14(6): 2079-2084.

[68] Lowery A, Du L, Armstrong J. Performance of optical OFDM in ultralong-haul WDM lightwave systems[J]. Journal of Lightwave Technology, 2007, 25(1): 131-138.

[69] Lowery A, Wang S, Premaratne M. Calculation of power limit due to fiber nonlinearity in optical OFDM systems[J]. Optics Express, 2007, 15(20): 13282-13287.

[70] Schmidt B J, Lowery A J, Armstrong J. Experimental demonstrations of 20 Gbit/s direct-detection optical OFDM and 12 Gbit/s with a colorless transmitter[C]. Technical Digest of OFC'2007, 2007: 25-29.

[71] Lowery A J. Improving sensitivity and spectral efficiency in direct-detection optical OFDM systems[C]. In: Technical Digest of OFC 2008, 2008: 1-3.

[72] Schmidt B, Lowery A J, Armstrong J. Impact of PMD in single-receiver and polarization-diverse direct-detection optical OFDM [J]. Journal of Lightwave Technology, 2009, 27 (14): 2792-2799.

[73] Schmidt B, Lowery A J, Du L B. Low sample rate transmitter for direct-detection optical OFDM [C]. Technical Digest of OFC'2009, 2009: 1-3.

[74] Cvijetic N, XU L, WANG T. Adaptive PMD compensation using OFDM in long-haul 10Gb/s DWDM systems[C]. Technical Digest of OFC'2007, 2007: 1-3.

[75] QIAN D, Cvijetic N, HU J, et al. Optical OFDM transmission in metro/access networks[C]. Technical Digest of OFC'2009, 2009: 1-3.

[76] QIAN D, Cvijetic N, HU J, et al. 40-Gb/s MIMO-OFDM-PON Using Polarization Multiplexing and Direct-Detection[C]. Technical Digest of OFC'2009, 2009: OMV3.

[77] Mayrock M, Haunstein H. PMD tolerant direct-detection optical OFDM system[C]. Technical

Digest of ECOC'2007, 2007: 1-2.

[78] Hewitt D F. Orthogonal frequency division multiplexing using baseband optical single sideband for impler adaptive dispersion compensation[C]. Technical Digest of OFC'2007, 2007: 1-3.

[79] Schuster M, Bunge C A, Spinnler B, et al. 120 Gb/s OFDM Transmission with Direct Detection using Compatible Single-Sideband Modulation[C]. Technical digest OFC 2008, 2008: 1-3.

[80] LIN C, LIN Y M, CHEN J J, et al. Generation of Direct-Detection Optical OFDM Signal for Radio-Over-Fiber Link using Frequency Doubling Scheme with Carrier Suppression [C]. Technical Digest of OFC'2008, 2008: 1-3.

[81] XIE C. PMD insensitive direct-detection optical OFDM systems using self-polarization diversity [C]. Technical Digest of OFC'2008, 2008: 1-3.

[82] Amin A, Takahashi H, Jansen S, et al. Effect of Hybrid IQ Imbalance Compensation in 27.3-Gbit/s Direct Detection OFDM Transmission[C]. Technical Digest of OFC'2009, 2009: 1-3.

[83] Benlachtar Y, Killey R. Investigation of 11.1 Gbit/s direct-detection OFDM QAM - 16 transmission over 1600km of uncompensated fiber[C]. Technical Digest of OFC'2009, 2009: 1-3.

[84] Schmidt A, Lowery A J, Armstrong J. Impact of PMD in single-receiver and polarization-diverse direct-detection optical OFDM [J]. Journal of Lightwave Technology, 2009, 27 (14): 2792-2799.

[85] 陈泉润, 张涛, 郑伟波, 等. 基于白光 LED 可见光通信的研究现状及应用前景[J]. 半导体光电, 2016, 37(4): 455-460.

[86] 李荣玲, 商慧亮, 雷雨, 等. 高速可见光通信中关键使能技术研究[J]. 激光与光电子学进展, 2013, 50(5): 40-50.

[87] WANG C, WANG L, CHI X, et al. The research of indoor positioning based on visible light communication[J]. China Communications, 2015, 12(8): 85-92.

[88] Căilean A, Dimian M. Toward Environmental-Adaptive Visible Light Communications Receivers for Automotive Applications: A Review [J]. IEEE Sensors Journal, 2016, 16 (9): 2803-2811.

[89] Jamali M V. Jamali, Nabavi P, and Salehi J A. MIMO Underwater Visible Light Communications: Comprehensive Channel Study [J]. Performance Analysis, and Multiple-Symbol Detection, 2018, 9545: 1-15.

[90] Ghassemlooy Z, Le Minh H, Haigh P A, et al. Development of visible light communications: emerging technology and integration aspects [C]. Optics and Photonics Taiwan International Conference (OPTIC), 2012.

[91] GU W, Aminikashani M, DENG P, et al. Impact of Multipath Reflections on the Performance of Indoor Visible Light Positioning Systems[J]. Journal of Lightwave Technology, 2016, 8724: 1-10.

[92] 李建锋. 高速可见光通信的调制关键技术研究[D]. 北京: 北京邮电大学, 2015, 29-34.

[93] Kahn J M, Barry J R. Wireless Infrared Communications[C]. Proceedings of the IEEE, 1997, 85(2): 265-298.

［94］ Tanaka Y, Haruyama S, Nakagawa M. Wireless optical transmissions with white colored LED for wireless home links［C］. The 11th IEEE International Symposium, 2000, 20（2）: 1325-1329.

［95］ Tanaka Y, Komine T, Haruyama S, et al. Indoor visible communication utilizing plural white LEDs as lightin［C］. The 12th IEEE International Symposium on Personal, Indoor and Mobile Radio Communications, 2001, 2: 81-85.

［96］ Gonzalez O, Perez J R, Rodriguez S, et al. OFDM over indoor wireless optical channel［C］. IEEE Proceedings of Optoelectronics, 2005, 152(4): 199-204PH.

［97］ Armstrong J, Schmidt B J C, Kalra D, et al. Performance of asymmetrically clipped optical OFDM in AWGN for an intensity modulated direct detection system［C］. Proceedings of IEEE Global Telecommunications Conference, 2006.

［98］ Afgani M Z, Haas H, Elgala H, et al. Visible Light Communication Using OFDM［C］. 2nd International Conference on Testbeds and Research Infrastructures for the Development of Networks and Communities, 2006: 80-85.

［99］ Elgala H, Mesleh R, Haas H, et al. OFDM Visible Light Wireless Communication Based on White LEDs［C］. The 64th IEEE Vehicular Technology Conference (VTC), 2007, 27(4): 2185-2189.

［100］ Armstrong J, Schmidt B J C. Comparison of asymmetrically clipped optical OFDM and DC-biased optical OFDM in AWGN［J］. IEEE Communication Letter, 2008, 12: 343-345.

［101］ Hashemi S K, Ghassemlooy Z, Chao L, et al. Orthogonal Frequency Division Multiplexing for Indoor Optical Wireless Communications using Visible Light LEDs［C］. 6th International Symposium on Communication systems, networks and Digital Signal Processing, 2008, 25(5): 174-178.

［102］ Cvijetic N, Qian D, Wang T. 10Gb/s Free-Space Optical Transmission Using OFDM［C］. Optical Fiber communication/National Fiber Optic Engineers Conference, 2008, 7: 1-3.

［103］ Elgala H, Mesleh R, Haas H. Predistortion in optical wireless transmission using OFDM［C］. Proceedings of the IEEE 9th International Conference on Hybrid Intelligent Systems (HIS), 2009, 2: 184-189.

［104］ Mesleh R, Elgala H, and Haas H. On the Performance of Different OFDM Based Optical Wireless Communication Systems［C］. IEEE/OSA Journal of Optical Communications and Networking, 2011, 3(8): 620-628.

［105］ Tsonev D, Sinanovic S, and Hass H. Novel Unipolar Orthogonal Frequency Division Multiplexing (U-OFDM) for Optical Wireless Communication, Vehicular Technology Conference(VTC Spring) ［C］. 2012 IEEE 75th, 2012, 7: 1-5.

［106］ Jim G R S, Veena K, and Sriram K D. Performance analysis of direct detection Flip-OFDM for VLC system ［C］. 2016 International Conference on Emerging Trends in Engineering, Technology and Science (ICETETS), 2016: 1-5.

［107］ Cheng Y, Zhang J, Zhang J, et al. DFT-Spread Combined with Clipping Method to Reduce the

PAPR in VLC-OFDM System[C]. 2017 4th International Conference on Information Science and Control Engineering, 2017: 1462-1466.

[108] Zhang T, Zhou Y, Sun Z, et al. Improved Companding Transform for PAPR Reduction in ACO-OFDM-based VLC Systems [J]. IEEE Communications Letters, 2018, 22 (6): 1180-1183.

[109] Tufvesson F, Edfors O, and Faulkner M. Time and frequency synchronization for OFDM using PN-sequence preambles[C]. Vehicular Technology Conference, 1999, 4: 2203-2207.

[110] DI X, XIAO J, CHEN L, et al. Timing Offset Estimation Method for DD-OODFM Systems Based on Optimization of Training Symbol[J]. Information Technology Journal, 2012, 11(9): 1337-1340.

[111] DI X, CHEN L, XIAO J, et al. A novel timing offset estimation method for direct-detection optical OFDM systems[J]. Optical Fiber Technology, 2013, 19(2013): 523-528.

[112] 彭恋恋, 肖江南, 唐进, 等. 基于格雷对辅助的直接检测光 OFDM 符号定时同步新算法 [J]. 光电子·激光, 2013, 24(8): 1483-1488.

[113] CHEN M, HE J, CAO Z, et al. Symbol synchronization and sampling frequency synchronization techniques in real-time DDO-OFDM systems [J]. Optics Communications, 2014, 326: 80-87.

[114] Gutiérrez F A, Martin E P, Barry L P, et al. All-Analogue Real-Time Filter Bank OFDM over 50 Km of SSMF using a Novel Synchronization Technique[C]. OFC 2016, 2016: W1G.7.

[115] Singh P, Vasudevan K. CFO and channel estimation for SIMO-FBMC/OQAM systems[C]. 23rd Asia-Pacific Conference on Communications (APCC), 2017: 1-6.

[116] Tomasoni A, Gatti D, Bellini S. Efficient OFDM Channel Estimation via an Information Criterion. Wireless Comtnunications[J]. IEEE Transactions, 2013: 1352-1357.

[117] Yong S C, Jaekwon K, Won Y Y, et al. MIMO-OFDM wireless communications with MATLAB [C]. John Wiley & Sons(Asia), 2010.

[118] Weinstein S B, and Ebert P M. Data transmission by Frequency-division Multiplexing using the discrete Fourier transform[J]. IEEE Transactions on Communication Technology, 1971, 19 (5): 628-634.

[119] Groh I, Gentner G, Sand S. Iterative Intercarrier Interference Mitigation for Pilot-Aided OFDM Channel Estimation Based on Channel Linearizations[C]. Vehicular Technology Conference (VTC Fall), 2012: 1-5.

[120] Tomasoni A, Gatti D, Bellini S, et al. Efficient OFDM Channel Estimation via an Information Criterion[J]. Wireless Comtnunications, IEEE Transactions on Wireless Communications, 2013, 12(3): 1352-1362.

[121] Alaraimi A. S, Hashimoto T. PAPR and OOBP of OFDM and Their improvement by using self cancellation Codings [C]. 2011 The 14th International Symposium on Wireless Personal Multimedia Communications (WPMC), 2011: 1-5.

[122] Patil S, Upadhyay R. A Symbol Timing Synchronization Algorithm for WiMAX OFDM[C].

International Conference on Computational Intelligence and Communication Networks, 2011:
78-82.

[123] Feng Y, Liu S, Li M, et al. A New OFDM Synchronization Algorithm using Training Cyclic
Prefix[J]. International Conference on Mechatronic Science, Electric Engineering and
Computer (MEC), 2011: 1489-1491.

[124] Marques C A G, Campos F P V d, Olivera T R, et al. Analysis of a Hybrid OFDM
Synchronization Algorithm for Power Line Communication[C]. Power Line Communication and
Its Applications(ISPLC), 2010: 44-49.

[125] Yi S, L M M, Gao Y n, et al. Joint OFDM Synchronization Algorithm Based on Special
Traning Symbol [C]. Communications and Mobile Computing (CMC), International
Conference, 2010: 433-437.

[126] Liu S, Peng Y, Yang X, et al. DSP-based Synchronization Algorithm Implementation for
OFDM-based Collective Communication Systems [C]. 12th International Conference on
Communication Technology, 2010: 1208-1211.

[127] Zhang J, Zhang Z. Simulation and Analysis of OFDM System Based on Simulink [C].
International Conference on Communications, Circuits and Systems (ICCCAS), 2010:
28-31.

[128] Laourine A, Stephenne A, Affes S. A New OFDM Synchronization Symbol for Carrier
Frequency Offset Estimation[J]. IEEE Signal Processing Letters. 2007, 14 (5): 321-324.

[129] Shim E S, Kim S T, SONG H K. OFDM Carrier Frequency Offset Estimation Methods With
Improved Performancc[J]. IEEE Transactions on Broadcasting, 2007, 53 (2) : 567-573.

[130] Prema G, Ananthi P. Joint Timing, Carrier Frequency and Sampling Clock Offset Estimation
for MIMO OFDM WLAN Systems[C]. 2011 International Conference on Process Automation,
Control and Computing, 2011: 1-6.

[131] CAO T T, ZHENG Z W, MA X H. Research on the Pilot-Based Channel Estimation
Technologies for the MIMO-OFDM Communication Systems[C]. 2011 International Conference
on Internet Technology and Applications, 2011: 1-6.

[132] MU X T, ZHOU M Y, YANG B, et al. DSP Design of Channel Estimation in MIMO-OFDM
System[C]. 2007 IEEE 66th Vehicular Technology Conference, 2007: 1278-1282.

[133] CHEN M, HE J, et al. Symbol synchronization and sampling frequency synchronization
techniques in real-time DDO-OFDM systems [J]. Optics Communications, 2014, 326:
80-87.

[134] CHEN M, HE J, et al. Real-Time Optical OFDM Long-Reach PON System Over 100 km
SSMF Using a Directly Modulated DFB Laser [J]. IEEE/OSA Journal of Optical
Communications and Networking, 2013, 6(1): 18-25.

[135] Mangone F, TANG J, et al. Iterative clipping and filtering based on discrete cosine transform/
inverse discrete cosine transform for intensity modulator direct detection optical orthogonal
frequency division multiplexing system [J]. Optical Engineering, 2013, 52(6):

065001-065007.

[136] Shieh W, BAO H, and TANG Y. Coherent optical OFDM: theory and design[J]. Optics Express, 2008, 16(2): 841-859.

[137] ZHOU X, Nelson L, Magill P, et al. 800km transmission of 5×450-Gb/s PDM-32QAM on the 50GHz grid using electrical and optical spectral shaping[C]. ECOC, 2011: 1-3.

[138] Jolley N E, Kee H, Rickard R, et al. Generation and propagation of a 1550 nm 10 Gbit/s optical orthogonal frequency division multiplexed signal over 1000 m of multimode fibre using a directly modulated DFB[C]. Proc. OFC/NFOEC, 2005: 3.

[139] LI F, LI X, et al. High-level QAM OFDM system using DML for low-cost short reach optical communications[J]. IEEE Photonics Technology Letters, 2014, 26(9): 941-944.

[140] HE J, LI T, et al. An ISFA-combined Pilot-Aided Channel Estimation Scheme in Multiband Orthogonal Frequency Division Multiplexing Ultra-Wideband Over Fiber System [C]. 20th IEEE Symposium on Computers and Communication (ISCC). 2015: 572-576.

[141] 胡家佺, 马鹏飞. OFDMA 与 SC-FDMA 峰均比对比研究[J]. 无线电工程, 2013, 43(11): 26-39.

[142] 邓锐, 范起瑞, 董欢, 等. 可见光通信中自适应 DFT-spread-OFDM 性能研究[J]. 光电子·激光, 2015, 26(5): 877-882.

[143] F. Barrami, Guennec Y, et al. A Novel FFT/IFFT Size Efficient Technique to Generate Real Time Optical OFDM Signals Compatible with IM/DD Systems[C]. Proc. EuMC, 2013, (2): 1247-1250.

[144] 雷霞, 李少谦, 唐友喜. 过采样 OFDM 信号峰均功率比统计特性分析[J]. 电子与信息学报, 2005, 27(3): 369-372.

[145] LI C, LU H, et al. Bidirectional hybrid PM-based RoF and VCSEL-based VLLC system[J]. Optics Express, 2014, 22(13): 744-746.

[146] HONG Y, GUAN X, CHEN LK, et al. Experimental Demonstration of an OCT-based Precoding Scheme for Visible Light Communications[C]. In: OFC 2016, 2016: M3A. 6. pdf.

[147] Sliskovic M. Carrier and sampling frequency offset estimation and correction in multicarrier systems[C]. IEEE Global Telecommunications Conference, 2001. 2001(1): 285-289.

[148] CHEN M, ZHOU H, ZENG Z, et al. OLT-centralized sampling frequency offset compensation scheme for OFDM-PON[J]. Optics Express, 2017, 25(16): 19508-19516.

[149] 佟学俭, 罗涛. 移动通信技术原理与应用[M]. 北京: 人民邮电出版社, 2003.

图书在版编目(CIP)数据

高频谱效率光 OFDM 通信系统中的数字信号处理算法 /
陈青辉等著. —长沙：中南大学出版社，2020.10
ISBN 978-7-5487-4190-9

Ⅰ. ①高… Ⅱ. ①陈… Ⅲ. ①光通信系统－数字信号
处理 Ⅳ. ①TN929.1

中国版本图书馆 CIP 数据核字(2020)第 182098 号

高频谱效率光 OFDM 通信系统中的数字信号处理算法
GAOPINPU XIAOLÜ GUANG OFDM TONGXIN XITONG ZHONG DE SHUZI XINHAO CHULI SUANFA

陈青辉 文 鸿 李 佳 邓 锐 王 玲 罗坤平 著

□责任编辑	刘小沛
□责任印制	易红卫
□出版发行	中南大学出版社
	社址：长沙市麓山南路　　　邮编：410083
	发行科电话：0731-88876770　　传真：0731-88710482
□印　　装	长沙市宏发印刷有限公司

□开　　本	710 mm×1000 mm 1/16　□印张 6.75　□字数 136 千字
□版　　次	2020 年 10 月第 1 版　□2020 年 10 月第 1 次印刷
□书　　号	ISBN 978-7-5487-4190-9
□定　　价	36.00 元